생존을 건 온갖 생물들의

못말리는사투

IKINOKORU SEIBUTSU ZETSUMETSUSURU SEIBUTSU

© KEIICHI TAINAKA / JIN YOSHIMURA 2007
Originally published in Japan in 2007
by NIPPON JITSUGYO PUBLISHING CO., LTD.
Korean translation rights arranged through TOHAN CORPORATION, TOKYO,
and YU RI JANG LITERARY AGENCY, SEOUL.

세상에서 가장 재미있는 진화론

생존을 건 온갖 생물들의

못말리는 사투

다이나카 게이치 · 요시무라 진 지음 | **김경은** 옮김

살림Friends

이 책은 생물의 진화에 대해 처음 배우는 사람을 위한 입문서이다. 그러나 일반적인 '생물 진화'에 관한 입문서는 아니다.

일반적인 입문서를 보면 생물 진화에 대한 가설과 진화가 일어나는 형태 그리고 생물의 생활에 대한 지식을 설명하고 있다. 이런 지식은 생물 진화라는 과학을 배우기 시작할 때 꼭 필요하다. 하지만 그보다 본질적인 원리의 탐구가 더 중요하다.

이 책은 생물 진화의 여러 문제를 인과 관계나 원리의 탐구를 통해 설명한다. 그 대부분이 우리가 수행하고 있는 시뮬레이션이나 이론적 연구를 토대로 하고 있지만, 이제 갓 나온 가설은 이후의 검증에 따라 수정되는 일도 충분히 있을 수 있다.

이 지구 위에 생물이 탄생한 지 40억 년이 지났다. 그동안 자연 선택의 시련을 거쳐 최적의 생물만이 살아남게 되었다.

살아남은 생물은 언뜻 보면 최적이라고는 생각할 수 없는 특징과 성질을 많이 갖고 있다. 따라서 그 특징이나 성질들을 '별로 중요하지 않은 것'이라고 생각할 수도 있다.

예를 들면 유전자(DNA) 복제의 경우, 폴리메라아제가 유전자를 복제한다. 이 폴리메라아제 중에는 유전자를 충실하게 복제하는 폴리메라아제도 있지만 그렇지 않은 것도 있다.

왜냐하면 유전자는 자외선 같은 다양하고도 강한 자극을 받아 변이할 가능성이 있는데, 변이한 부분을 충실히 복제한 것으로 생명체가 오래 유지될 수는 없기 때문이다. 유전자는 길이가 매우 길어(예를 들면 사람 한 명 당 복제되는 DNA의 전체 길이는 빛의 속도로 달려서 46일이나 걸리는 정도이다) 대량 복제에는 높은 정밀성과 정확성이 요구되지만, 한편으로 유전자의 실수를 바로잡으면서 복제하는 기능도 필수적이다.

일하지 않는 '일개미'의 존재도 "별로 중요하지 않다."고 생각되는 종류 중 하나이다. 개미가 근면함의 대명사라고 생각하는 사람이 많지만, 실제로 일개미의 60~70%는 일하지 않는다.

또 조류는 알을 적게 낳는다. 이런 전략은 적응도(fitness : 다음 세대에 남기는 자손의 수)를 최대로 한다는 진화의 원리와 모순되는 것 같지만 사실은 그렇지 않다. 적은 알이라도 소중하게 키우면 자손을 많이 남길 수 있기 때문이다.

게다가 생물 종 안의 개체들은 서로 돕는다. 자기중심의 이기적인 행동도 하지만 다른 개체의 이익이 되는 행동(이타 행동)도 자주 하는데 이것 역시 생존을 위한 진화의 방향과 일치한다.

예를 들면 벌은 집을 지키기 위해 침입자에게 침을 쏘고 스스로 죽음을 선택한다. 수컷 사마귀는 배우자인 암컷에게 잡아먹혀 영양분이 된다. 이타 행동은 대부분 모든 생물 종에서 진화하고 있다. 현재, 이타 행동은 해밀턴의 혈연 선택 이론과 게임 이론으로 잘 설명할 수 있다. 이 이론에 따르면 이타 행동이란 자신의 이득을 최대로 하는 것이다.

이타 행동, 일하지 않는 개미, 일정 수 이상 알을 낳지 않는 새 등은 단기적으로는 자신의 이익을 줄인다. 그러나 장기적으로는 자신의 이익을 최대화하는 것이다. 즉, "지는 것이 이긴다."는 전략이다.

21세기 들어 지구의 환경문제가 심각해졌다. 생물의 다양성을 보전하고 지구 온난화를 방지하기 위한 이산화탄소 감축, 오존홀의 확대 방지, 산성비와 대기오염 방지 등을 위한 국제협력이 기대되고 있다. 전 세계의 한 사람 한 사람이 이 목표를 위해 힘써야 한다. 게임이론을 보면 이기적인 집단은 멸종하기 쉽다는 사실을 알 수 있다. 목표의 이익을 우선시하고 자기가 좋아하는 일만 해서는 21세기의 환경 문제를 해결할 수 없다. 인간이라는 종의 존속을 위해서라도 자기중심이 아닌 이타 행동적 발상이 앞으로 점점 더 필요할 것이다.

이 책이 생물 진화에 대한 독자 여러분의 이해를 돕는 동시에 생물 보전이나 환경 보전에 조금이라도 보탬이 되면 좋겠다.

2007년 4월
다이나카 게이치
요시무라 진

CONTENTS

CHAPTER 02
종 형성의 수수께끼에 직면하다

CHAPTER 03
유전이 일어나는 과정

CONTENTS

CHAPTER 06

생물의 싸움을
설명하는
게임이론과
이타 행동

CONTENTS

CHAPTER 01

생물이 자연에서
적응하는 방법

01 다윈의 자연 선택

생물의 진화 중에서 가장 중요한 과정　다윈은 1859년에 진화론을 제창했다. 그 기본은 '돌연변이'와 '자연 선택'이었다. 이 중에서 자연 선택은 생물 진화 중에서 가장 중요한 과정으로, 옛날에는 '자연 도태'라고도 했다.

돌연변이의 결과로 다양하고 새로운 형질(표현형)이 생기는데, 그중에서 환경에 더 적합한 개체가 살아남는다. 살아남아 선택되는 것을 자연 선택이라고 한다.

어느 특정 형질이 다른 형질보다 오래 생존하여 다음 세대에 더 많은 자손을 남길 때, 이 형질이 개체군 중에서 확대될 가능성이 높아진다. 이러한 형질은 자연 선택에서 유리하며 생물은 그 형질을 진화시킨다. 자연 선택은 환경에 따라 선택되므로 환경이 변하면 선택되는 것도 바뀐다. 즉, 자연 선택이란 돌연변이로 발생하는 다양한 형질 중에서 적응도가 높은 것이 살아남고 낮은 것은 멸종한다는 뜻이다.

자연 선택과 세대 시간　진화 속도는 생물에 따라 다르다. 미생물이나 세균 등은 세대 시간(다음 세대까지의 시간)이 매우 짧기 때문에 미생물을 이용한 자연 선택의 진화 실험이 최근 활발히 이루어지고 있는데, 이러한 실험으로 다양한 진화 이론을 검증할 수 있다. 또 지금까지 몰랐던 세균이나 미생물의 성질을 이해할 수 있다.

세균이나 미생물은 나쁜 것으로 일반적으로 여겨져서 항균 스프레이나 항생물질 등을 이용한 세균을 죽이는 다양한 방법이 생겼다. 그러나 이 약물은 사람의 몸에 있는 유익한 공생 세균마저 죽여 버린다. 또 무균 상태는 잡균에 대한 저항력을 빼앗고, 만일의 경우 치명적인 감염을 일으킬 수 있다. 지나치게 깨끗하게 청소하지 않고 세균과의 접촉을 경험하는 것도 중요하다.

자연 선택의 두 가지 의미 　자연 선택에는 좁은 의미와 넓은 의미의 두 가지가 있다.

좁은 의미의 경우 성 선택과 구별하는 것이 중요하다. 나중에 성 선택의 구체적인 예를 소개하겠지만, 성 선택이란 수컷과 암컷의 성 행동 및 수컷 간 또는 암컷 간의 배우자 선택에 관한 형질 선택이다. 그러나 넓은 의미로는 성 선택이나 혈연 선택 등 모든 선택 과정을 포함한다.

자연 선택의 예를 생각해 보자. 어떤 나비의 표현형에 검은색과 흰색이 있고, 각각 유전된다고 한다. 검은색과 흰색 외에 회색의 잡종이 있는데, 모든 점에서 중간적이다. 이 나비의 서식 장소로는 건조하고 밝은 초원과 계곡의 어두운 삼림 속 이렇게 두 군데가 있다.

밝은 서식지에서는 흰색이 유리하며 산란 수와 유충과 번데기의 생존율, 성충의 생존율이 높다고 가정한다. 반대로 어두운 서식지에서는 검은색이 모두 유리하다. 자연 선택에 따라 밝은 서식지에서는 흰색이 생존 및 번식에 유리하고, 시간이 지나면 검은색은 멸종할 것이다. 어두운 서식 장소에서는 반대로 흰색은 멸종하고 검은색만 남을 것이다.

이런 현상을 '나방의 공업암화'라 한다. 영국의 공업 지대가 어둡기 때문에 그곳에 사는 나비가 진화에 따라 검은색을 띠게 되었다는 것이다. 그러나 '나방의 공업암화'에 대해서는 많은 반론 논문이 나와 아직 결론은 내려져 있지 않다.

서식지와 개체의 색

밝은 서식지에서는 흰색이 유리하다

어두운 서식지에서는 검은색이 유리하다

02 개체 선택과 집단 선택

가장 효율이 좋은 것이 살아남는다 자연 선택이란 환경에 가장 적합한 생물이 살아남는 것, 즉 가장 '효율' 좋은 것이 살아남는다는 뜻이다.

생물 진화란 '최적화'의 과정이다. 생물 진화의 최적화는 '적응도'가 최대가 되도록 진행한다. 여기서 말하는 적응도란 다음 세대에 남기는 자손의 수이다. 자손을 많이 남기는 생물은 살아남고 적게 남기는 생물은 멸종한다.

현재 남아 있는 생물은 오랜 진화의 역사를 경험했기 때문에 적응도가 가장 높다고 할 수 있다. 이 자연 선택은 인위 선택과는 완전히 다르다. 인위 선택에서는, 예를 들면, 사육사가 개의 품종을 개량하여 치와와나 닥스훈트를 만드는 것처럼 인간의 취향에 따라 종을 선택한다. 그러나 자연 선택의 경우, 적응도가 높은 것이 살아남을 뿐이며 취향은 관계없다.

개체 선택과 집단 선택의 대립 오랫동안 자연 선택을 둘러싸고 '개체 선택'과 '집단 선택'의 두 가지 의견이 대립했다.

예전에는 집단 선택이 지배적이었다. 집단 선택이란 종 전체(집단)에서 우수한 형질이 살아남고, 그렇지 않은 형질은 없어진다는 사고방식이다.

그러나 현대에는 지금까지와는 반대로 개체 선택이 지지되고 있다. 개체 선택에서는 자손을 많이 남기는 개체가 살아남는다. 즉, '적응도'만 중시되고 있다. 바꿔 말하면 자연 선택이란 종 전체에서 상황이 좋은 생물이 살아남는 것은 아니라고 할 수 있다.

이 이유는 간단하다. 멸종이란 개체 수의 증감에 따라 일어나며, 종(집단) 전체의 이익과는 관계가 없기 때문이다. 종 전체의 이익이 낮아도 각 개체가 많은 자손을 남기면 멸종하지 않고 살아남는다.

🐟 **지구 위에 많은 생물이 존재하는 이유**　지구 위에는 다양한 생물이 존재한다. 이들은 모두 오랫동안 최적화의 과정을 거쳤다. 즉, 현재의 생물은 '최적화된 적응계'이다.

그러나 최적화의 기준이 적응도뿐이라면 생물의 수는 매우 적어질 것이다. 그럼에도 불구하고 지구 위에 이렇게 많은 생물이 존재하는 이유는 무엇일까?

바로 최적화에 대한 과정이 하나가 아니기 때문이다. 다른 환경이나 역사적으로 다양한 최적화가 있다. 각각의 생물은 오랜 진화의 역사를 거쳐, 각각 주어진 환경 속에서 최적 상태로 있는 것이다. 언뜻 보면 '중요하지 않다'고 생각되는 것도 '변하는 환경'을 이겨 내기 위해 필요하다. 만약 생물(적응계)이 최적화 과정을 하나만 갖고 있다면, 환경이 변했을 때 적응계는 금세 파탄을 맞게 되기 때문이다.

생물은 자신에게 가장 적합한 행동을 한다

고래야!
네 조상은 육지에
올라왔다가 왜 또
바다로 돌아간 거니?

고래한테
그게 최적화였대~

17

03

진화의 역사적 및 실험적 증거

🐟 **다윈핀치의 조상은 하나의 종이었다** 1835년, 비글호를 타고 온 다윈이 갈라파고스 제도에 도착했다. 그 섬에서 다윈이 발견한 다윈핀치는 다윈의 이름을 빛내듯 그의 진화론의 계기가 된 새이다.

다윈핀치는 남미 에콰도르에서 서쪽으로 1,000km나 떨어져 있는 태평양의 갈라파고스 제도에 총 14종이 서식하고 있다. 유전자를 사용한 계통 해석에 따르면, 500만 년 전에 하나의 종이 갈라파고스에 건너가 종 분화를 반복한 결과 14종으로 늘어난 것이라고 한다.

이 14종은 각각 먹이가 되는 종자의 크기나 강도, 서식 장소 등에 적응하여 부리의 크기나 모양이 바뀌었다. 갈라파고스 제도는 처음부터 육지에서 멀리 떨어진 바다 위에 형성된 외딴 섬으로서, 우연히 이곳에 흘러 들어와 정착한 소수의 이입종이 섬에 퍼져 흩어졌다고 알려져 있다.

다윈핀치의 계통수

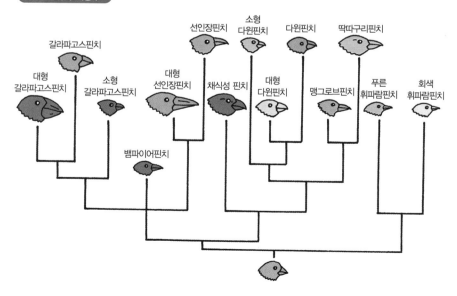

다윈핀치의 부리는 다양한 형태로 변화했다. 크고 딱딱한 종자를 먹는 대형 갈라파고스핀치는 부리가 크고 튼튼하다. 중간 크기의 종자를 먹는 갈라파고스핀치는 부리의 크기도 중간 정도이며, 작고 부드러운 종자를 먹는 소형 다윈핀치는 매우 작은 부리를 갖고 있다. 또 줄기 등을 쪼아 그 안에 있는 벌레를 먹는 푸른 휘파람핀치는 가늘고 긴 부리를 갖고 있는 등, 다양한 형태로 적합화되었다.

그 외에도 선인장 위에서 평생을 보내는 선인장핀치나 나무의 싹, 잎, 줄기 등을 먹는 채식성 핀치, 곤충을 먹는 육식성 핀치 등 다양하게 분화되었다. 종 분화는 생물이 환경에 대응하여 진화하는 모습을 나타낸다.

진화는 지금도 진행중이다 다윈핀치의 진화는 지금도 계속되고 있다. 프린스턴 대학교의 그랜트 부부는 25년 이상에 걸친 연구를 통해 그 사실을 실증했다.

그들의 연구에 따르면 갈라파고스 제도의 기상은 연차 변동이 크고, 비가 오랫동안 내릴 때는 연간 1,000mm를 넘는다고 한다. 이 시기에는 식물이 우거지고 많은 종자가 생긴다. 반대로 연간 몇십 mm밖에 비가 내리지 않는 건기가 오면 식물은 거의 자라지 않고 지난해에 열린 건조하고 강한 종자만 남게 된다.

갈라파고스 제도에서는 이러한 기상 변동이 수년 간격으로 일어나서, 강우량이 많을 때는 개체 수가 많이 증가하고 반대로 건조기인 몇 년 동안은 80~90%의 개체가 사망한다.

그랜트 부부는 강우량이 많은 몇 년과 건조기인 몇 년 동안 핀치의 부리가 반대 방향으로 진화한다는 사실을 발견했다. 비가 많이 내릴 때는 식물이 잘 자라기 때문에 과실이 크고 따라서 종자 또한 크다. 그 결과, 자연 선택에서 큰 부리가 유리해지며 부리가 거대한 핀치가 나타나고 종 분화가 촉진된다. 그러나 건조기에는 부리가 큰 종은 줄어들며 분화한 종의 융합도 일어난다.

04 아놀 도마뱀의 다리 길이 진화

🐟 **진화를 실험적으로 증명하다** 자연 선택 이론은 과학적인 학설로 널리 받아들여졌지만 실제로 과학자가 현장에서 실험적으로 명확히 증명한 예는 적다. 그 적은 예 중 하나가 로소스 박사의 실험이다.

1970년대 이후, 로소스 박사는 카리브 해의 바하마 제도에서 아놀 도마뱀의 뒷다리 길이가 천적에 의해 변한다는 사실을 알아냈다. 아놀 도마뱀을 몇몇 섬에 도입하여 관찰한 결과, 아놀 도마뱀을 먹는 포식성 도마뱀의 유무에 따라 아놀 도마뱀의 다리(뒷다리) 길이가 한 세대 내에서도 변한다는 사실을 발견할 수 있었다.

🐟 **아놀 도마뱀의 다리 길이 진화의 차이** 이 실험으로 다음과 같은 사실을 알 수 있었다.

① 포식 도마뱀이 있으면 다리가 길어진다

빨리 달릴 수 있는 긴 뒷다리가 있으면 아놀 도마뱀은 포식 도마뱀에게 유리하게 대처할 수 있다. 다리가 길면 상체를 높이 들어 두 뒷다리로 빨리 달릴 수 있기 때문이다.

포식 도마뱀은 크기 때문에 나무에 잘 오르지 못하고 지상에 머문다. 아놀 도마뱀이 지상에 내려올 때는 먹힐 위험이 크지만, 빨리 달릴 수 있는 긴 두 다리를 갖음으로써 자신의 생명을 지키는 데 유리하게 되었다. 그래서 포식 도마뱀이 있는 섬에서는 긴 다리가 자연 선택되었다.

② 포식 도마뱀이 없으면 다리가 짧아진다

포식 도마뱀이 없는 섬에서는 긴 다리가 필요 없다. 긴 다리는 가는 나뭇가지에 오르는 데 적합하지 않다. 아놀 도마뱀의 주식은 대개 곤충인데, 먹이는 대부분 나무 위에 있어, 다리가 긴 아놀 도마뱀은 몸의 중심이 높아 나무를 잘 오르지 못하므로 먹이를 잘 잡을 수 없다.

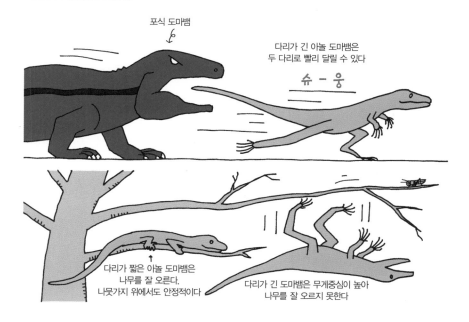

포식 도마뱀

다리가 긴 아놀 도마뱀은
두 다리로 빨리 달릴 수 있다

슈 - 웅

다리가 짧은 아놀 도마뱀은
나무를 잘 오른다.
나뭇가지 위에서도 안정적이다

다리가 긴 도마뱀은 무게중심이 높아
나무를 잘 오르지 못한다

　반면에 짧은 뒷다리를 가진 도마뱀은 무게중심이 낮고 안정적으로 나뭇가지에 오를 수 있기 때문에 먹이를 잡는 데 매우 유리하다. 이렇게 포식 도마뱀이 없는 섬에서는 짧은 다리를 가진 도마뱀만 살아남게 된다.

🐟 **아놀 도마뱀의 적응 행동**　로소스 박사는 포식 도마뱀 도입 실험을 통해 행동 적응도 발표했다. 포식 도마뱀이 없는 섬에 포식 도마뱀이 도입되면 아놀 도마뱀은 서식 장소를 바꾼다. 포식 도마뱀을 도입했더니 몇 달 후 아놀 도마뱀은 항상 높은 나뭇가지 위에서 지내고 지상에는 거의 머무르지 않게 되었다. 이 변화와 같이하여 뒷다리도 길게 진화한 것이다.

　서식하는 장소가 나무 위로 바뀌면 긴 다리가 필요 없을 것이라고 생각하겠지만, 이 경우에는 그렇지 않았다. 나무 위에서만 생활할 수 없기 때문이다. 지상에 내려왔을 때 생명의 위험에 맞닥뜨리게 되므로 다리가 길어지는 것이다. 이렇게 포식자의 도입은 행동 진화뿐 아니라 형태 진화도 촉구한다.

21

05 진화를 나타내는 계통수와 분자 계통수

화석을 보면 동물의 진화를 알 수 있다 화석은 진화의 증거가 된다. 아래 그림은 말의 화석으로 만든 계통수이다. 이 그림을 보면 말이 작은 동물에서 지금과 같은 영리하고 큰 동물로 진화했다는 사실을 알 수 있다.

이렇게 뼈의 화석은 많은 동물의 진화를 보여 준다. 화석에서 포유류가 모두 쥐같이 작은 조상으로부터 진화했다는 점을 알 수 있다. 이 화석의 증거들은 공룡을 포함한 많은 생물이 진화한 후, 멸종했다는 사실을 나타내고 있다.

대량으로 출토된 화석으로 진화가 일어났다는 것을 증명되었다. 계통수는 화석을 통해 만들어졌다. 그러나 화석은 단속적이어서 모든 시기에 화석이 항상 나오는 것은 아니다. '미싱링크*'라고 불리는 화석이 없는 시기가 있다. 사람의 경우도 영장류에서 사람으로 진화하는 동안에 많은 미싱링크가 존재한다.

말의 화석으로 만든 계통수

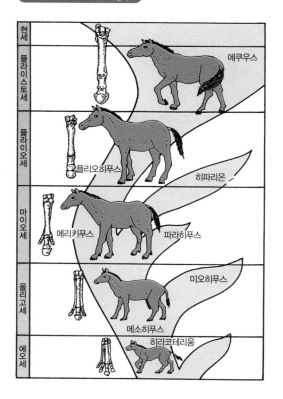

현세
플라이스토세 — 에쿠우스
플라이오세 — 플리오히푸스 / 히파리온
마이오세 — 메리키푸스 / 파라히푸스
올리고세 — 미오히푸스 / 메소히푸스
에오세 — 히라코테리움

• 미싱링크(missing link)
잃어버린 고리라는 뜻으로 생물의 진화 계통을 사슬의 고리라고 볼 때 빠져있는 부분으로 예상되는 미발견 화석 생물을 일컫는 말. 멸실환이라고도 함

🐟 **진화의 새로운 증거가 된 분자 계통수** 유전자 해석에 따른 계통수를 '분자 계통수'라고 한다. 분자 계통수는 현존하는 생물의 유사 관계만이 아니라, 종이 어떻게 분화하고 다양화되었는지 추정하는 새로운 생물학이다. 이 방법은 유사성이 많은 생물의 계통 관계를 추정할 수 있게 한 까닭에 진화의 새로운 증거가 되고 있다.

예를 들면 인간과 침팬지 또는 일본원숭이의 유사 관계를 추정하여, 영장류가 하나의 그룹이라는 점을 유전자 해석으로 나타내고 있다. 옛날의 계통수와 새로운 분자 계통수가 상당히 일치하여 진화의 증거가 되고 있다.

최근에는 새의 기원이 화제가 되고 있다. 지금까지 새의 기원에 대해 많은 논쟁이 있었는데, 지금은 "새는 공룡에서 진화했다."는 가설이 유력하다. 최근에 새와 공룡을 연결짓는 화석이 많이 출토되었기 때문이다. 또 유전자 계통 해석의 결과도 이 가설을 강력하게 지지하고 있다.

새는 공룡에서 진화했다

유전자 계통 해석의 결과에서도 새는 공룡에서 진화했다는 사실을 알 수 있답니다.

06 생물이 혹독한 환경에 적응하는 방법

북극곰이 북극에서 살 수 있는 이유 지구 위에는 생물이 살기에 너무 혹독하다고 생각되는 환경이 있다. 그러나 생물은 그런 환경에도 적응하며 살아간다. 예를 들면 기온이 영하 50℃나 되는 북극에 서식하는 북극곰은 추위에 잘 적응되어 있다. 털은 물론이고 피하지방이 매우 두꺼우며 털은 유분이 있어서 물을 튀길 수 있다. 또 두꺼운 피하지방 덕분에 가볍게 헤엄칠 수 있고 오랜 시간 수영할 수 있다. 발바닥에는 털이 나 있어서 얼음 위에서도 미끄러지지 않고 걸을 수 있다. 새끼를 밴 암컷은 눈이 쌓인 경사면에 굴을 파고 동면한다. 그리고 한겨울에 새끼를 낳고 굴 안에서 기른다.

방울뱀이 사막에서 적응하는 방법 사막은 수분이 적고 모래 위는 약 65℃의 고온 상태로 혹독한 환경의 하나이다. 북아메리카 대륙 남서부의 사막에는 방울뱀의 일종인 사이드와인더가 살고 있다. 이 뱀이 사막 위에서 이동하는 모습은 독특한데, 알파벳 S자 형태로 옆으로 이동하여 그런 이름이 붙여졌다고 한다. 모래 속에 잘 숨을 수 있는 습성은 먹이를 잡는 데도 편리하다. 쥐나 도마뱀 등이 근처를 지나가면 그것들을 덮쳐서 독을 주입하고 잡아먹는다. 먹이를 잡을 때는 적외선을 느끼는 기관으로 먹이에서 나오는 적외선을 감지한다.

청조와 황산 환원균 적조나 청조가 발생하면 물고기가 대량으로 죽는다. 적조란 부영양화로 플랑크톤이 대량 발생하는 것이다. 한편, 청조는 물고기에게 적조보다 더 심각한 해를 끼친다. 대량 발생한 플랑크톤이 죽어 해저의 움푹한 곳에 침전되면, 대량의 플랑크톤 사체를 박테리아가 분해하게 된다. 이때 바닷속의 산소가 대량으로 소비되면서 빈산소 수괴(빈산소괴, 貧酸素塊)가 형성된다. 보통 이 수괴는 주위의 해수에 혼합되어 분산되지만,

해저에 움푹 팬 곳이 있으면 빈산소 상태의 환경이 유지된다. 빈산소 상태의 수중에서는 황산 환원균이 번식하고 고농도의 황화수소(H₂S)가 발생하는데, 이 황화수소는 물고기에게 맹독이다. 많은 비나 태풍으로 황화수소를 대량으로 포함한 수괴가 상승하면 청조가 되는 것이다.

해저에 거대하게 팬 땅은 매립지나 제방 건설 때문에 해저의 흙을 대량으로 퍼 올려 골재로 사용할 때 생긴다. 청조를 방지하기 위해서는 움푹 팬 땅을 메우면 된다. 그러나 움푹 팬 땅이 너무 커서 메울 수 없게 되는 경우도 있다.

🌿 **100년에 한 번 꽃을 피우는 식물**　보통 높은 산에서는 키가 낮은 식물만 자란다. 그러나 해발 4,000m를 넘는 안데스 산맥에 푸야 라이몬디(Puya Raimondii)라는 거대한 식물이 살고 있다.

시즈오카 대학교의 마스자와 다케히로 교수는 이 식물에 대해 연구했다. 이 식물은 파인애플과에 속하며 70~100년이라는 긴 세월 동안 반경 4m의 구형이 된다. 그리고 충분히 성숙했을 때 수 미터나 되는 꽃줄기를 달고 지표면에서 10m가 넘는 높이에 이르는데, 꽃줄기 하나에 많은 꽃이 피어 약 30만 개나 되는 씨가 만들어진다. 이 식물은 100년에 딱 한 번 꽃을 피우고 죽기 때문에 '백년초(Century Plant)'라고도 한다. 꽃을 피운 후에는 보통 일년생 초본처럼 말라 버린다.

100년에 한 번 꽃이 피는 푸야 라이몬디

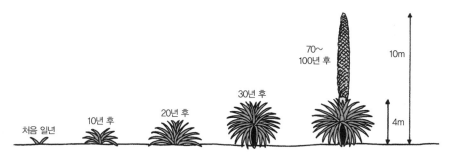

07
사자가 새끼를 죽이는 이유

🐟 **사자의 새끼 죽이기**   자연 선택의 원리를 설명하는 데에 가장 적합한 것이 '새끼 죽이기'이다. 이것은 사자의 예가 잘 알려져 있다.

사자는 '프라이드'라는 무리를 형성하여 생활한다. 수컷은 세 살 정도가 되면 같은 연령의 동료와 함께 무리를 떠난다. 그들이 훗날 다른 프라이드를 습격하는 경우가 있다. 다른 프라이드의 수컷 사자를 쓰러뜨리고 프라이드를 뺏는 것이다. 승리한 사자들은 그 무리의 새끼 사자를 죽인다. 이때 살해되는 것은 생후 이 년 이내의 새끼 사자이다. 그동안 암컷은 아무 행동도 하지 않고 지켜볼 뿐이다. 그럼 새끼를 죽이는 이유는 무엇일까?

🐟 **새끼 죽이기는 자신의 자손을 늘리기 위한 것이다**   이 수수께끼는 자연 선택의 원리(개체 선택)의 입장에서 간단히 설명할 수 있다. 새끼 사자를 죽이면 암컷 사자는 번식할 수 있는 상태가 되고, 새로운 수컷은 자신의 자손을 늘

사자의 새끼 죽이기

사자는 왜 새끼를 죽이나요?

자신의 자손을 늘리기 위해서랍니다.

릴 수 있기 때문이다. 새끼 죽이기는 수컷이 자신의 자손을 늘리는 수단이다.

이것은 개체 선택의 이치에 들어맞을지도 모른다. 물론 집단 선택으로는 설명할 수 없다. 사자라는 종 전체에 이익이 없기 때문이다. 그리고 새끼 죽이기는 사자 외에 다른 생물에서도 이루어진다. 곰, 고릴라, 침팬지, 쥐 등의 다른 동물도 자기 새끼 이외의 새끼를 죽인다.

이렇게 집단 선택을 부정하고 개체 선택을 지지하는 구체적인 예에는 이 '새끼 죽이기' 외에도 '배우자 방위', '성 선택' 등이 있다. 이에 대해서는 다음에 자세하게 설명하겠다.

🎄 **암컷의 새끼 죽이기** 새끼를 죽이는 것은 대부분 수컷이지만 프레리도그는 암컷이 새끼를 죽인다. 프레리도그의 굴 안에서는 어미들이 서로의 새끼를 죽여서 대부분의 새끼가 죽는다.

그러나 그 이유는 수수께끼이다. 개체 수를 조절하거나 수유 중인 어미의 단백질 보급을 위해서라는 설도 있고 자기 새끼의 경쟁 상대를 죽이기 위해서라는 설도 있다.

프레리도그의 새끼 죽이기

프레리도그는 어미가 새끼를 죽인답니다.

08 잠자리가 두 마리씩 붙어서 나는 이유

🐟 **다른 수컷으로부터 배우자를 지키는 탠덤 비행** 집단 선택을 부정하고 개체 선택을 입증하는 두 번째 예는 '배우자 방위'이다. 배우자 방위란 배우자가 자기 이외의 수컷과는 짝짓기를 하지 않도록 하는 일을 말한다. 그 일례로 잠자리의 '탠덤 비행'이 잘 알려져 있다.

탠덤 비행이란 잠자리가 두 마리씩 붙어 나는 것을 말한다. 교미하면서, 또 교미 후에도 그 모습으로 날며 다른 수컷으로부터 배우자를 지킨다. 그러나 이 탠덤 비행은 천적의 입장에서 보면 잘 차려진 밥상이기 때문에 공격당하기가 쉽다. 잠자리에게는 매우 위험한 행동인 것이다. 그럼에도 잠자리가 이런 행동을 하는 이유는 무엇일까?

🐟 **일부일처제도 배우자 방위의 하나** 자살 행위로도 보이는 탠덤 비행의 수수께끼를 풀기 위해서는 잠자리의 생태를 이해해야 한다. 잠자리나 나비는 인간이나 다른 포유류와 달리 나중에 교미한 수컷의 정자가 유리하다. 종에 따라 다르지만 다음과 같은 방법으로 이전에 교미한 수컷의 정자를 무효화하기 때문이다.

첫 번째는 이전에 교미한 수컷의 정자를 빼내는 방법이다. 나중에 교미한 수컷은 먼저 교미한 수컷의 정자를 빼내고 자신의 정자를 넣는다. 따라서 나중에 교미한 잠자리가 유리하다. 두 번째는 먼저 수컷의 정자를 눌러 없애는 방법이다. 눌러 없애서 사용할 수 없게 만든 후에 자신의 정자를 넣는다. 이렇게 잠자리는 나중에 교미한 수컷이 유리하기 때문에 배우자 방위가 놀라울 정도로 발달되어 있다.

배우자 방위는 잠자리뿐 아니라 다른 생물에게도 광범위하게 관측되며, 인간에게서도 볼 수 있다. 유럽의 정조대나 '일부일처제'도 배우자 방위의 일례이다.

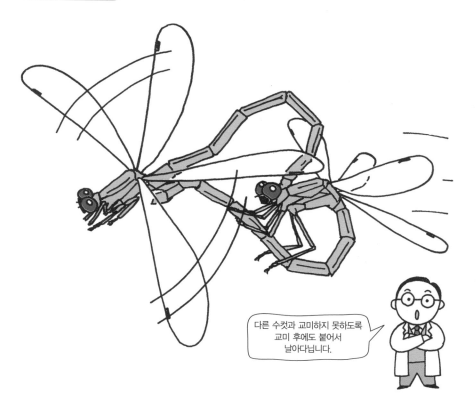

다른 수컷과 교미하지 못하도록
교미 후에도 붙어서
날아다닙니다.

수컷 잠자리의 생식기

이것은 두 종류 수컷의 생식기입니다.
왼쪽 그림은 먼저 교미한
수컷의 정자를 빼내는 것,
오른쪽 그림은 앞의 수컷의 정자를
눌러 없애는 것입니다.

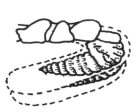

09
공작의 날개가 큰 이유

🐟 **집단 선택을 부정하는 성 선택** 집단 선택을 부정하는 세 번째 예는 '성 선택'이다. 성 선택의 수수께끼에 대해서는 이미 다윈이 『종의 기원』에서 다룬 바 있다. 예를 들어 공작의 꼬리(날개)에 대해 이야기해 보자. 공작의 꼬리는 크고 아름답다. 하지만 이상할 정도로 너무 크지 않은가? 너무 커서 살아가기에 불편하지 않을까? 왜 이렇게 불편하게 진화했을까? 또 이렇게 큰 날개를 가진 것은 수컷뿐인데, 왜 수컷에게만 이렇게 특징적인 형질이 발달했을까?

이 수수께끼들은 성 선택이라는 개체 선택의 이론으로 설명할 수 있다.

🌲 **암컷 공작은 큰 날개를 좋아한다** 암컷 공작은 크고 아름다운 날개를 가진 수컷을 좋아한다. 실제 관측 데이터에서는 날개 안의 점박이 무늬 수가 많을수록 암컷과의 교미 횟수가 증가한다는 결과가 나왔다. 즉, 수컷은 자신의 자손을 늘리기 위해 암컷이 좋아하는 형태를 발달시킨 것이다. 이러한 '암컷의 선호성'(성 선택)이 수컷의 날개를 크게 만들었다고 판단된다.

암컷의 호감을 얻기 위해 날개가 진화되었다

🐛 사슴과 장수풍뎅이의 뿔이 큰 이유   사슴과 장수풍뎅이의 큰 뿔처럼 '수컷끼리의 투쟁'도 성 선택의 하나이다.

큰 뿔을 가진 개체일수록 수컷끼리의 싸움에 유리하다. 자기 자손을 더욱 많이 남기기 위해, 즉 다른 수컷을 쓰러뜨리기 위해 큰 뿔로 진화한 것이다.

🐛 성 선택은 왜 수컷에게만 진화할까?   그럼 수컷에게만 이러한 형질의 차이가 진화하는 이유는 무엇일까? 이 수수께끼는 두 가지 가설로 설명할 수 있다.

첫 번째 가설은 수컷과 암컷의 유효 성비의 차이에서 유래한다는 것이다. 실제로 번식에 관여하는 개체 수는 수컷이 많다. 그러므로 수가 많은 수컷끼리 싸움이 일어나기 쉽다. 예를 들어 망둥잇과의 물고기 연구를 보면, 계절에 따라 수컷이 많아지는 시기와 암컷이 많아지는 시기가 있다. 수컷이 많을 때는 수컷, 암컷이 많을 때는 암컷이 구애 행동을 더 많이 한다고 한다.

두 번째 가설은 로버트 트리버스의 '투자의 이론'이다. 수컷과 암컷의 본질적인 차이는 암컷만 자식을 낳는다는 점이다. 출산은 큰 사업이며, 자식은 재산이기도 하다. 출산을 위해 암컷은 큰 투자를 한다. 수컷은 이 투자(재산)를 욕심낸다. 그래서 교미는 더 쾌락적이고 수컷은 재산과 쾌락을 동시에 얻으려고 한다. 따라서 성에 대한 욕구는 수컷이 훨씬 강하다.

수컷끼리의 싸움에서 이기기 위해 뿔이 발달했다

얍!

10

참나무가 열매를 많이 맺는 이유

🌱 **자기 자손을 많이 남기려면?** 참나무는 매년 2만 개나 되는 열매(도토리)를 맺는다. 평생 동안 하나의 열매가 성장하면 그것으로 참나무라는 종의 개체 수를 유지할 수 있음에도 불구하고, 참나무는 왜 이렇게 많은 열매를 만들어야 할까?

이런 참나무의 '불필요한 노력'도 자연 선택의 원리로 설명할 수 있다. 다른 생물이 열매를 먹으면 종자가 여러 장소에 옮겨지고 그 결과, 자기 자손을 많이 남길 가능성이 높아진다. 마찬가지로 삼나무도 많은 화분을 날리고, 어류도 많은 알을 낳는다. 이것도 적응도를 높이기 위한 행동이다. 알이 많으면 많을수록, 화분이 많으면 많을수록 자기 자손을 많이 남길 수 있는 기회가 늘어난다.

그러나 이 설명에는 의문이 생긴다. 많은 알을 만드는 전략(이것을 'R전략'이라고 한다)은 마치 다른 생물에게 먹히기 위해 자손을 만드는 것과 같기 때문이다. 조류나 포유류는 소수의 자식을 소중히 기르는 전략(이것을 'K전략'이라고 한다)을 취하는데, 이것이 더 효율적이고 우수할 것이다. 그럼에도 불구하고 왜 어류는 새롭고 우수한 전략을 취하지 않을까? 그 이유에는 몇 가지 가설이 있다.

하나는 제약(constrain)으로 설명하는 설이다. 예를 들면 미생물이 갑자기 고등 생물로 진화할 수 없는 것처럼 어류도 갑자기 변이하여 조류나 포유류 같이 진화할 수 없다. 자식을 소중히 키우지 않는 물고기로서는 K전략을 취할 수 없다는 것이다. 또 생태계의 유지라는 측면에서 설명하는 설도 있다. 예를 들면 도토리라는 열매를 많은 동물에게 먹이고 그리하여 자기 종자를 옮겨 주는 동물이 멸종되지 않도록 지킬 수 있다는 설이다.

진화에 대해서는 아직 명확하지 않은 부분이 많다. 최적화라고 해도 많은 조건이 관계되어 있고 어떤 제약이 있는지도 잘 모르기 때문이다.

참나무의 자손 번식 방법

동물들은 겨울에 대비하여
도토리를 땅에 묻어 둔다.
그중 먹다 남은 몇 개는 발아한다

🌲 **환경 불확정성과 자연 선택에 따른 최적화**　자연 선택에 의한 최적화로
생물의 완벽한 적응이 이루어진다고 생각되었다. 그러나 환경은 일정하지
않고 생물 자신도 잘 모르는 것이 일반적이다. 이러한 변동 환경에서 자연
선택은 단순한 최적화와는 다르며, 많은 '불필요한 노력'을 포함하고 있다.

이 환경 불확정성의 문제는 진화가 멸종에 관계되는 경우에 더 심각하다.
예를 들어 새가 낳는 알의 수를 생각해 보자. 여기에 알 네 개를 낳는 새가
있다. 이 새는 환경이 좋을 때는 최대 열 개를 낳는 잠재 능력이 있다(최적).
그래서 매번 열 개의 알을 계속 낳는 것이 가장 많은 자식을 남길 수 있으니
좋다고 생각할 수 있다. 그러나 환경이 나쁠 때 알을 다섯 개 이상 낳으면 부
모인 자신도 굶어 죽게 되고 만다. 그래서 열 개의 알을 낳는 것은 좋은 선택
이 아니며, 자손을 대대로 남기기 위해 네 개의 알을 낳도록 진화해 가는 것
이다.

이러한 환경의 불확정성이 있기 때문에 생물 진화를 '적응도의 최적화'로
만 단순하게 생각할 수 없다. 생물은 많은 '불필요한 노력'을 병행하고 있는
종만 살아남는다. 다음에 나오는 환경의 불확정성의 이론은 이러한 점을 잘
설명하고 있다.

11 여유 있는 생물이 진화하는 이유

🐟 **생물의 환경은 변한다**　생물은 항상 변하는 환경에 놓여 있다. 기온이나 강우량의 변화 등의 외적 요인뿐 아니라 생물 간의 내적 요인도 변한다. 어떤 종에서 다음 세대에 남기는 자식의 수(＝적응도)가 1이면 개체 수를 유지할 수 있다. 그럼 변하는 환경에서 모든 세대가 살아남기 위해서는 어떻게 해야 할까?

세월이 흐름에 따라 적응도도 변화한다. 예를 들어 어미 새가 같은 수의 알을 낳는다고 해도 둥지를 트는 새끼 새의 수는 일정하지 않다. 환경이 혹독할 때는 먹이도 적고 적응도가 떨어질 것이다. 반대로 환경 조건이 좋을 때는 많은 새끼 새가 둥지를 떠날 것이라고 예상할 수 있다.

🐟 **맹렬형과 여유형**　환경 조건이 변할 때는 맹렬형 전략(위험한 전략, Risky Strategy)과 여유형 전략(안전한 전략, Safer Strategy) 두 가지를 생각할 수 있다.

'맹렬형'은 환경 변동에 따라 열심히 적응도를 높이려는 전략이다. 특히 환경 조건이 좋을 때는 많은 자손을 남길 수 있다. 그러나 이 전략은 세월이 오래 지날수록 위험을 동반한다. 환경 조건이 최악일 경우에는 적응도가 매우 낮아질 수 있기 때문이다.

반면, '여유형'은 환경 조건이 최악일 때 적응도를 낮추지 않으려는 전략이다. 그러나 이 전략의 경우에는 환경 조건이 좋을 때도 적응도가 크게 상승하지 않는다.

그럼 어느 전략이 좋을까? 물론 환경 조건이 좋은지 나쁜지는 예측할 수 없다.

🐟 **왜 고등 생물은 '여유형'을 선택할까?**　고등 생물은 '여유형'을 선택한다.

생물은 위험을 피하도록 진화한다. 환경 조건이 좋아서 더 많은 알을 낳을 수 있다고 해도 일정한 수의 알밖에 낳지 못한다. 그 이유는 무엇일까?

이 수수께끼는 이 책의 지은이 중 한 명인 요시무라가 이론적으로 해명했다.

예를 들어 다음의 표와 같은 사고 실험을 해 보자. 세대 시간이 일 년인 두 생물(여유형과 맹렬형)을 생각하고 첫 해의 개체 수를 100개라고 하자. 표와 같이 여유형 생물의 적응도는 매년 똑같은 1.0으로 한다. 반면, 맹렬형 생물은 매년 적응도가 크게 변한다고 치자. 단, 두 생물의 평균 적응도는 모두 1.0으로 한다.

환경 변동의 적응도

	여유형 생물	맹렬형 생물
첫 번째 해의 적응도	1.0	1.9
두 번째 해의 적응도	1.0	1.0
세 번째 해의 적응도	1.0	0.1
삼 년간 평균 적응도	1.0	1.0
삼 년 후의 개체 수	100	19

우선 초기 개체 수에 적응도를 곱해서 일 년 후의 총 개체 수를 구한다. 여유형은 초기 개체 수와 같은 100개이지만 맹렬형의 경우에는 190개가 된다. 이 년 후, 삼 년 후에도 똑같은 방법으로 하면, 여유형 생물은 총 개체 수는 변하지 않고 100개 그대로이다. 그러나 맹렬형의 경우에는 $100 \times 1.9 \times 1.0 \times 0.1 = 19$개가 된다. 놀랍게도 약 $\frac{1}{5}$이 되어 버린 것이다. 평균 적응도가 1이라고 해도 환경 변동이 클 때는 개체 수가 점점 감소한다. 따라서 맹렬형 생물의 경우, 멸종을 피하기 위해 매우 많은 새끼를 낳아야 한다.

🐟 **왜 개복치는 많은 알을 낳을까?** 맹렬형의 대표적인 생물은 도토리와 개복치이다. 개복치는 작은 알을 수만 개 낳는다. 개복치는 대부분 수평 이동이 불가능하기 때문에 성체로 자라나지 못할 위험이 크다. 그래서 많은 알을 낳아야 한다.

한편, 여유형 생물의 예는 포유류이다. 포유류는 몸 안에서 자식을 크게 키운 후에 출산하고 육아도 하기 때문에 새끼의 수가 적어도 된다.

CHAPTER 02

종 형성의
수수께끼에 직면하다

생물은 불완전함이 중요하다

진화의 목표 생물은 어떤 목표를 향해 진화할까?

예를 들어 기업이라면 이윤 추구를 목적으로 성장해 간다. 최대의 이윤 추구를 위해서는 물질지상주의, 효율 추구, 비용 절감만으로는 불충분하다. 품질 향상, 법령 준수, 기업의 이미지 향상, 지구 환경에 대한 배려, 사회에 대한 공헌, 직원의 심리 치료, 다른 기업과의 신뢰 관계, 긴급 사태에 대한 대책 등, 무시할 수 없는 많은 요인이 있다.

그에 비해 생물의 경우에는 적응도의 최대화를 목적으로 진화한다. 적응도란 다음 세대에 남기는 자손의 수를 말한다. 이것은 생존율과 번식률을 곱하면 얻을 수 있다.

자손을 많이 남기는 개체가 살아남고, 적게 남기는 개체는 멸종한다. 살아남기 위해서 무엇을 하면 가장 좋을지는 계산으로 구할 수 있다. 이것을 '최적화의 이론'이라고 한다.

진화에 대해 공부하다 보면 매우 다양하고 수수께끼와 같은 최적화를 발견할 수 있다. 최적화에는 무시할 수 없을 만큼 많은 요인들이 있기 때문이다.

'불완전함'의 중요성 지구 위에는 무수히 많은 생물이 존재한다. 이들은 모두 기나긴 최적화의 과정을 거쳐 왔다. 즉, 현재의 생물은 최적화된 '적응계'이며, 많은 생물들이 각각 최적화 상태를 유지하고 있다.

일반적으로 '최적화'라고 하면 살아남기 위해 가장 좋은 기준을 딱 하나 선택하는 것이라고 생각할 수 있다. 그럼 지구 위에는 왜 이렇게 많은 생물 종이 존재할까?

최적화에는 많은 기준이 있기 때문이다. 어떤 기준에서 보면 최적이라도 다른 기준에서 보면 보잘것없거나 미덥지 않을 수도 있다. 만약 생물(적응계)이 하나의 최적화 기준만 갖고 있다면 환경이 변했을 때 그 적응계는 서서히 파탄이 나고 생물 종은 점점 줄어들 것이다. 생물이 멸종을 면하기 위해서는 '불완전함'이 필요하다.

예를 들어 개미의 최적 경로 탐색에 대한 이야기를 해 보자. 충실한 일개미만 있다면 먹이를 찾아내는 최단 경로를 발견할 수 없다. 즉, 똑똑한 개미만 있으면 오히려 비효율적이라는 것이다. 이것은 상사의 명령에 따르는 충실한 부하 직원만으로는 회사가 잘되지 않는 것과 같다. 일개미 중에 포함되어 있는 '불성실한' 개미가 먹이를 찾아가는 최단 경로를 발견하는 데 결정적인 역할을 한다.

개미의 '불성실한' 부분이 먹이를 찾아가는 최단 경로 발견에 도움이 된다

02 생명의 기원

🐟 **유전자가 먼저인가? 세포가 먼저인가?** 지구 위에는 많은 생물이 생존하고 있지만, 그 기원은 하나의 세포로 된 단순한 생물이었다. 그러나 생명의 기원에는 많은 수수께끼가 있다. 유전자와 세포 중 어느 쪽이 먼저일까?

이 유전자와 같은 자기 복제계가 먼저라는 설을 'RNA(DNA) 월드 가설'이라고 하며, 세포가 먼저라는 설을 '세포기원설'이라고 한다.

유전자는 운석으로 우주에서 날아왔을까? 아니면 지구 위에서 합성되었을까? 세포도 우주에서 날아왔을까? 아니면 지구 위에서 합성되었을까?

어쩌면 혜성이 지구와 충돌한 것이 원인일지도 모르겠다. 왜냐하면 혜성에는 물과 이산화탄소 외에 포름알데히드 등 생체 분자의 원료가 되는 유기 분자도 포함되어 있기 때문이다.

🐟 **원시 지구에서의 재현 실험 코아세르베이트** 세포기원설을 제창한 오파린은 생체 고분자(생체 내에 존재하는 고분자의 유기 화합물)에서 '원시 세포'를 만들고 그것을 '코아세르베이트'라고 했다. 오파린 후에 폭스와 하라다 가오루는 1959년에 단백질성의 코아세르베이트를 만들었다. 이것은 현생의 생물과 마찬가지로 이중막을 가지고 있었고 '증식'의 움직임을 나타냈다.

또 야나가와 히로시와 에가미 후지오도 코아세르베이트를 만들었다. 이것은 원시 해수 중에서 만든 것으로, '원시 지구에서의 재현 실험'이라고도 했다. 나가누마 다케시도 원시 지구 환경(해저의 열수 분출공)에서 '입자' 구조의 코아세르베이트를 만들었다. 열수 분출공은 1977년에 미국의 잠수 조사선 '알빈 호'가 수심 2,600m에서 발견했다. 이곳은 마그마 때문에 뜨거워진 해수가 분출되는 장소로, 고분자의 합성에 적합한 환경을 이루고 있다.

코아세르베이트 생성의 메커니즘 코아세르베이트를 만드는 방법은 다음과 같다. 우선 1%의 젤라틴 용액과 1% 아라비아고무 용액을 각각 1ml씩 혼합한다. 이때는 무색투명하지만 염산을 떨어뜨리면 용액이 뿌옇게 된다(코아세르베이트 생성). 코아세르베이트는 용액 안에 물방울처럼 떠 있는데 세포와도 같다. 물방울 속의 고분자 농도는 외부 액체보다 약간 높은 것이 특징이다. 염산을 떨어뜨리는 이유는 용액의 pH를 조절하기 위해서이다.

코아세르베이트는 생체 고분자가 응집(상 분리)한 것이다. 고분자가 응집하는 이유는 고분자가 플러스와 마이너스의 양성 전하를 갖고 있어서 고분자 사이에 인력이 작용하기 때문이다. 인력이 약하면 응집은 일어나지 않는다. 또 인력이 너무 강하면 침전 같은 강한 응집이 일어나서 물방울처럼 되지 않는다.

상 분리의 모양은 아래 그림과 같다. 코아세르베이트를 만들려면 외부에서 파라미터(설정 변수)를 변화시켜야 한다. 파라미터의 예로는 pH, 염농도 등을 들 수 있다. 아래 그림에서 파라미터의 값이 A일 때 코아세르베이트가 생긴다. 그러나 B일 때는 상 분리가 너무 강해서 침전 등이 일어난다. C점은 상 분리가 일어나는 임계점이다. 코아세르베이트는 임계점의 근방에서만 생성된다.

코아세르베이트 상 분리 모양

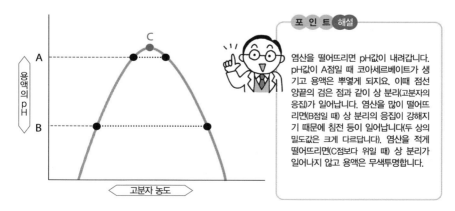

포 인 트 해설

염산을 떨어뜨리면 pH값이 내려갑니다. pH값이 A점일 때 코아세르베이트가 생기고 용액은 뿌옇게 되지요. 이때 점선 양끝의 검은 점과 같이 상 분리(고분자의 응집)가 일어납니다. 염산을 많이 떨어뜨리면(B점일 때) 상 분리의 응집이 강해지기 때문에 침전 등이 일어납니다(두 상의 밀도값은 크게 다르답니다). 염산을 적게 떨어뜨리면(C점보다 위일 때) 상 분리가 일어나지 않고 용액은 무색투명합니다.

03 생물의 진화 방향

'단순한 것'에서 '복잡한 것'으로 지구 위의 생물은 '단순한 것'에서 '복잡한 것'으로 진화한다.

화석의 기록을 보면 작고 단순한 생물에서 점차 고등 생물로 진화를 거듭해 간다는 사실을 알 수 있다. 이런 진화의 방향성은 일반적인 물리 현상(엔트로피 증대법칙)과는 완전히 반대의 흐름을 보인다.

엔트로피 증대법칙이란? 물리학에서 무수히 많은 분자와 원자로 이루어진 시스템을 다루는 분야를 '통계물리학'이라고 한다. 통계물리학에서는 '에너지보존법칙'과 '엔트로피 증대법칙'이라는 두 가지 기본 법칙이 알려져 있다.

에너지보존법칙이란 시스템의 모든 에너지는 항상 일정하며, 아무것도 없는 상태에서는 에너지를 얻을 수 없다는 법칙이다.

한편, 엔트로피란 '무질서의 정도'를 가리킨다. 예를 들어 끓는 물이 들어 있는 주전자를 놔두면 주전자의 온도는 주위의 온도와 같아질 때까지 낮아지고 결국 주변 온도와 균일해 진다. 균일한 온도와 그와 다른 온도가 존재하는 경우, 이 양쪽을 비교해서 균일한 경우를 더 무질서하다고 말한다.

오른쪽 그림은 기체가 고밀도로 들어 있는 방과 저밀도로 들어 있는 방을 그린 것이다. 밀도의 차이는 매우 크며 오른쪽 방은 거의 진공에 가깝다. 만약 두 개의 방에 있는 칸막이를 없애면 어떻게 될까?

그러면 밀도의 차이가 없어지도록 기체 분자가 이동하고, 평형상태에 이르면 분자의 밀도가 같아질 것이다. 같아진 경우를 더 무질서하다고 말한다. 엔트로피 증대법칙이란 '비균일'에서 '균일'로 변하는 것이다. 반대의 변화는 일어나지 않는다(비가역).

각 분자의 운동은 역학으로 설명할 수 있다. 그런데 역학은 완전히 가역이다. 각 분자의 운동은 가역임에도 불구하고 이와 같은 방향(비가역)성이 일어나는 이유는 무엇일까?

그것은 확률의 차이로 설명할 수 있다. 즉, 아래 그림을 보면 왼쪽 방에서 오른쪽 방으로 이동하는 확률이 오른쪽 방에서 왼쪽 방으로 이동하는 확률보다 높다. 생물도 많은 분자와 원자에서 생긴다. 이 엔트로피 원리를 사용하여 진화의 방향성을 설명할 수 있을까?

답은 역시 '아니오'이다. 진화의 방향성은 엔트로피 법칙과는 완전히 반대이다. 생물 진화의 경우, '단순한 것'에서 '복잡한 것'으로 진화한다. 그러나 엔트로피 법칙에서는 '복잡한 것'에서 '단순한 것'으로 시간에 따라 변화한다.

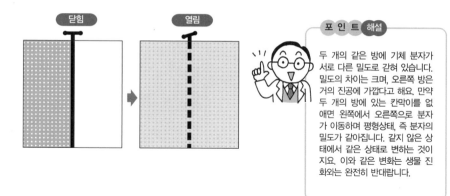

엔트로피 증대 법칙

닫힘 → 열림

포 인 트 해설

두 개의 같은 방에 기체 분자가 서로 다른 밀도로 갇혀 있습니다. 밀도의 차이는 크며, 오른쪽 방은 거의 진공에 가깝다고 해요. 만약 두 개의 방에 있는 칸막이를 없애면 왼쪽에서 오른쪽으로 분자가 이동하며 평형상태, 즉 분자의 밀도가 같아집니다. 같지 않은 상태에서 같은 상태로 변하는 것이지요. 이와 같은 변화는 생물 진화와는 완전히 반대랍니다.

다윈의 진화론　그럼 왜 생물계에서는 '단순한 것'에서 '복잡한 것'으로 진화할까? 이 수수께끼는 다윈의 진화론으로 풀 수 있다.

다윈의 진화론의 골격은 '돌연변이'와 '자연 선택'의 두 가지이다. 돌연변이로 새로운 형질이 다양하게 생겨나는데, 그중에서 환경에 최적인 개체가 살아남는다. 복잡한 구조를 가진 생물은 단순한 생물보다 살아남는 데 유리하다. 돌연변이와 자연 선택의 반복이 환경에 더 적응한 고등 생물을 만드는 것이다.

04

종이란 무엇인가?

종과 분류 종은 생물 분류의 기본 단위이다. 서로 다른 다양한 생물을 구별하여 유사 관계를 근거로 체계화한 것이 생물의 분류학이다. 생물의 가장 큰 분류는 '계'라고 하며, 최근에는 '원핵생물계(모네라계)', '원생생물계', '식물계', '동물계', '균계'의 다섯 가지로 나누고 있다.

그리고 이 계는 다시 크게 '문 · 강 · 목 · 과 · 속 · 종'의 순서로 세분화할 수 있다. 기본적인 분류 체계의 최소 단위로는 '종'이 정해져 있다. 아래 표는 이들 분류의 일례이다.

사람과 배추흰나비의 분류 및 학명

	사람의 분류	배추흰나비의 분류
계(界)	동물계	동물계
문(問)	척추동물문	절족동물문
강(綱)	포유류강	곤충강
목(目)	영장목	나비목
과(科)	사람과	흰나비과
속(屬)	사람속	큰배추흰나비속
종(種)	사람	배추흰나비
학명	호모 사피엔스(*Homo sapiens L.*)	피에리스 라파에(*Pieris rapae L.*)

전 세계적으로 생물의 종명을 쉽게 지정하기 위해, 속명과 종명의 두 가지로 구성된 라틴어 학명(여기에 명명자의 이름을 붙인 것도 있다)을 사용하고 있다. 학명은 국제적인 명명법으로, 18세기에 린네(Linne)가 생각한 것이어서 '린네의 2명법'이라고도 한다. 예를 들면 표와 같이 '사람'의 학명은 속명 '호모(Homo)', 종명 '사피엔스(sapiens)'이며, 거기에 명명자인 린네의 L.을 붙여 '호모 사피엔스(*Homo sapiens L.*)'이라고 한다.

분화의 역사를 나타내는 계통수 생물의 분류는 생물의 진화 과정을 가능한 한 반영하고 있다. 생물의 진화 과정은 조상에서부터 나뭇가지 모양으로 갈라져 나온 분화의 역사이다. 이것을 추정하여 그래프로 만든 것이 계통수이다.

분류 체계에서는 계통수의 갈래를 최대한 반영하여 유사 관계가 가까운 것을 같은 분류군에 넣는다. 또 계통이 크고 다른 생물은 다른 분류군에 들어간다.

그러나 모든 생물을 분류할 때 계통을 정확하게 반영할 수는 없다. 화석 생물이나 원시적인 생물은 유사 관계가 먼 생물이라도 같은 그룹에 포함된다. 예를 들어 원핵생물계 속의 고세균은 계통적으로는 다른 모든 생물계에서 여러 갈래로 분화한다. 그러나 고세균은 진핵생물에 비해 수도 적기 때문에 원핵생물계의 그룹으로 정리, 분류된다.

종의 분류와 '생물학적 종 개념' 종의 분류에도 문제가 있다. 일반적으로 종의 분류는 마이어가 제창한 '생물학적 종 개념'에 근거하여 이루어진다. 즉, 동종을 하나의 번식 집단(교배로 자손이 생기는 집단)으로 간주하는 것이다. 그러나 이 분류에는 큰 문제가 있다.

예를 들어 북에서 남으로 일렬로 분포하고 있는 생물 개체군을 생각해 보자. 이 생물 개체군은 북방에서는 크고 희며, 남방에서는 작고 검다. 최북단의 개체군은 최남단의 개체군과 번식할 수 없다. 이때 일반적으로 남과 북의 개체군은 '다른 종'이라고 한다.

그런데 남북의 몇몇 중간적인 개체군은 각각 남북의 인접 개체군과 교배할 수 있다. 이런 경우에는 종을 나누는 경계를 결정할 수 없다. 또 일부 식물이나 곤충과 같이 무성생식만 하는 생물에서는 성에 따른 번식이 없다. 이때는 번식 집단이라는 개념 자체가 무의미하다. 그리고 진화적인 시간, 즉 생물 계통수를 생각했을 때 종 분화를 정하는 종의 구분은 없다. 이렇게 종의 분류는 어느 정도 임의적인 부분이 있다. 종의 명명이나 분류는 어디까지나 우리가 자연을 이해하기 위한 명명이다. 따라서 종은 절대적인 구별이 아니라는 사실을 인식해야 한다.

05 종 분화가 일어나는 방법

🐟 **종 분화와 멸종** 지구에 탄생한 원시 생물에서 종 분화에 따라 새로운 종이 많이 생겼다. 약 40억 년 전에 탄생한 지구 위의 한 생명이 종 분화를 반복하여 모든 생물이 생겼다고 한다. 인간도, 침팬지도, 또 미생물도 조상은 같았다.

그러나 멸종으로 오래된 종이 소멸했다. 예전에는 종 분화에 따른 증가 속도가 멸종 속도를 크게 웃돌았기 때문에 전체 종의 수는 계속해서 증가했다. 그러나 현재는 이것이 역전되어 멸종이 종 분화를 크게 웃돌고 있다. 생물을 멸종으로부터 지키는 것이 21세기 환경 문제의 중요한 화두이다.

🐟 **종 분화란?** 종 분화란 서로 교배해도 새끼가 생기지 않게 되는 것(생식 격리)을 말한다. 지금까지 이소적(異所的) 종 분화와 동소적(同所的) 종 분화라는 두 가지 양식이 보고되었다.

이소적 종 분화는 가장 대중적인 종 분화로, 집단(개체군)이 지리적으로 분단된 결과, 조상 종에서 새로운 종이 생긴 것이다. 개체군이 산이나 바다 등으로 분리되어 오랫동안 교배(교미)가 불가능해지면 생식적으로 격리되어 새로운 종이 탄생한다. 만약 나중에 지리적 장벽이 없어지고 교배할 기회가 생겨도 자손은 생기지 않는다.

반면, 동소적 종 분화란 지리적 간격 없이 새로운 종이 탄생하는 것이다. 예를 들어 어떤 곤충의 종을 생각해 보자. 유전적으로 같은 두 개체군이지만 먹는 식물의 취향이 다른 경우를 가정한다. 취향이 다르면 점차 다른 식물에 대한 특수화가 일어나고, 생식적으로 격리될 수 있다. 또 식물에서는 염색체의 배수화로 생식적 격리가 생기고 같은 장소에서 새로운 종으로 분화할 수 있다.

최근, 신슈 대학교의 아사미 다카히로 준교수는 실험실에서 동소적 종 분화의 흥미로운 예를 발견했다. 바로 달팽이의 동소적 종 분화이다.

달팽이에는 달팽이집 소용돌이가 오른쪽으로 도는 것과 왼쪽으로 도는 것이 있다. 본래 오른쪽 소용돌이 달팽이는 같은 오른쪽 소용돌이 달팽이하고만 교배할 수 있다. 반대로 왼쪽 소용돌이 달팽이는 왼쪽 소용돌이 달팽이하고만 교배할 수 있다. 그래서 오른쪽 소용돌이 달팽이와 왼쪽 소용돌이 달팽이는 각각 다른 종으로 진화한다. 오른쪽 소용돌이 달팽이와 왼쪽 소용돌이 달팽이는 입체적으로 교배할 수 없기 때문이다(아래 그림 참조).

아사미 준교수의 실험실에는 오른쪽 소용돌이 달팽이의 집단이 있었다. 그중에 왼쪽 소용돌이 달팽이는 하나도 없었다. 그런데 거기에 돌연변이로 왼쪽 소용돌이 달팽이의 소집단이 생겼다.

이것은 단 하나의 유전자가 돌연변이를 일으킴으로써 왼쪽 소용돌이 달팽이가 생긴다는 동소적 종 분화의 흥미로운 예로 관심을 모았다.

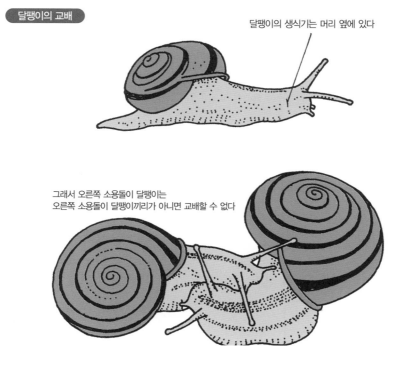

달팽이의 교배

달팽이의 생식기는 머리 옆에 있다

그래서 오른쪽 소용돌이 달팽이는
오른쪽 소용돌이 달팽이끼리가 아니면 교배할 수 없다

06 다양한 생물이 등장한 캄브리아기 폭발

생명의 탄생 지구에 생명이 탄생한 것은 40억 년 전이라고 한다. 그 후, 20억 년 이상이나 단세포생물의 시대가 계속되었다. 최초의 다세포동물이 등장한 것은 10억 년 전이라고 한다.

그리고 본격적으로 생물의 시대가 도래한 것은 고생대부터이다. 지금으로부터 약 5억 5,000만 년 전, 고생대 초기의 캄브리아기에 오늘날 볼 수 있는 '동물문'이 나타났다. 캄브리아기의 화석에서는 최강의 동물(포식자) 아노말로카리스(Anomalocaris)를 비롯하여 피카이아(Pikaia) 등 척색동물의 화석도 발견되었다. 겨우 1,000만 년 정도의 짧은 기간에 현재 우리가 볼 수 있는 대부분의 모든 동물의 체형이 갖추어졌다. 즉, 단기간에 형태의 다양

최강의 포식자 아노말로카리스

캐나다의 버지스 혈암에서 발견된 이 생물을 최강의 포식자라고 한답니다.

화가 이루어진 것이다.

🐟 **폭발이 일어난 이유** 생물 다양성이 단기간에 출현(폭발)한 이유는 무엇일까? 여기에 대해서는 아직 확실한 것은 아니지만 다음과 같은 가설을 생각할 수 있다.

첫 번째 설은 포식자의 출현에 따른 군비 확장 경쟁이다. 먹이는 포식자에게 먹히지 않도록 진화한다. 반면, 포식자는 먹이를 효율적으로 잡을 수 있도록 진화한다. 먹이 쪽에서도, 포식자 쪽에서도 사느냐 죽느냐의 경쟁이 일어나고, 이것이 진화의 속도를 앞당겼다. 즉, '육식'이라는 금단의 열매를 먹었기 때문이라는 것이다.

두 번째는 빙하시대가 끝나고 지구가 온난화되었기 때문이라는 설이다. 기온이 지금보다도 높았고 습도도 상승했다. 열대우림과 같은 기후가 진화의 속도를 앞당겼다는 것이다.

마지막은 현대 물리학의 '비동일성 출현'과 같은 메커니즘으로 설명하는 경우이다. 예를 들어 가지 모양 산호의 성장을 생각해 보자. 산호는 산호충의 집합체이다. 돌출한 부분의 산호충일수록 먹이를 쉽게 잡기 때문에 빨리 성장할 수 있고, 가지는 점점 늘어난다. 처음에 어느 부분이 돌출하게 되는지는 우연히 결정된다. 나중에 돌출한 부분은 대부분 성장하지 못한다. 단 한 번의, 그리고 얼마 안 되는 형태의 선택이 생물의 운명을 결정하는 것이다.

🐟 **유전자 단계에서의 폭발** 교토 대학교의 미야다 다카시 교수는 유전자 해석으로 캄브리아기 폭발을 연구했는데, 캄브리아기 폭발은 화석 해석에서 이끌어 낸 결론으로 유전자 해석에서 이끌어낸 결론과는 다르다는 점을 발표했다. 그는 캄브리아기 폭발(형태의 다양화)보다 3억 년 전에 유전자 단계에서 빅뱅과 같은 것이 일어났다고 말한다.

07

종 분화의 핫 스팟

🐟 **장소에 따라 종 분화의 속도는 다르다** 지구 위에는 '종 분화의 핫 스팟(hot spot, 위험 지역)'이라고 할 수 있는 장소가 있다. 종 분화는 지구 어느 곳에서도 같은 속도로 진행되지 않는다. 빠른 장소가 있게 마련인데 그것이 종 분화의 핫 스팟이다. 예를 들면 열대우림, 탕가니카 호, 하와이, 뉴기니 섬 등이 그에 해당한다. '핫 스팟'이란 종 분화에만 사용되는 말은 아니다. '멸종의 핫 스팟'이나 '고유종의 핫 스팟'도 있다. 같은 핫 스팟이라도 그 장소는 상당히 다르다.

여기서는 종 분화의 핫 스팟에 주목한다.

🐟 **물고기에도 오른쪽형·왼쪽형이 있다** 아프리카의 탕가니카 호에는 다양한 종류의 시크리드라는 물고기가 있다. 이 물고기는 일본에서는 관상용 열대어로 알려져 있다. 시크리드는 세계 열대지역에 널리 분포하지만 동아프리카의 세 호수(탕가니카 호, 말라위 호, 빅토리아 호)에는 월등하게 많은 종류가 서식하고 있다. 이 호수들은 생긴 지 그리 오래되지 않았지만 수천 수백 종의 시크리드가 서식하고 있으며, 각각 다양한 표현형을 보이고 있다.

예를 들어 교토 대학교의 호리 미치오 교수는 스케일 이터(Scale Eater)라는 시크리드에 입이 오른쪽으로 비뚤어진 '왼쪽형'과 반대인 '오른쪽형'의 두 가지가 공존한다고 보고했다. 물고기에게도 '잘 쓰는 쪽'이 있나 보다.

그런데 왜 입이 오른쪽으로 쏠려 있는데 '왼쪽형'이라고 할까?

그 이유는 이 물고기가 다른 물고기의 왼쪽 비늘을 먹기 때문이다. 스케일 이터는 스케일(비늘)을 먹는다는 의미이다. 이 물고기는 다른 물고기를 뒤에서 덮쳐 비늘을 벗겨 먹는다. 탕가니카 호에는 일곱 종류의 스케일 이터가 있다. 또 그 외에도 다양한 시크리드가 있지만 대부분 유전적으로는 매우 가까운 유전자를 갖고 있으며 서로 근연종이다.

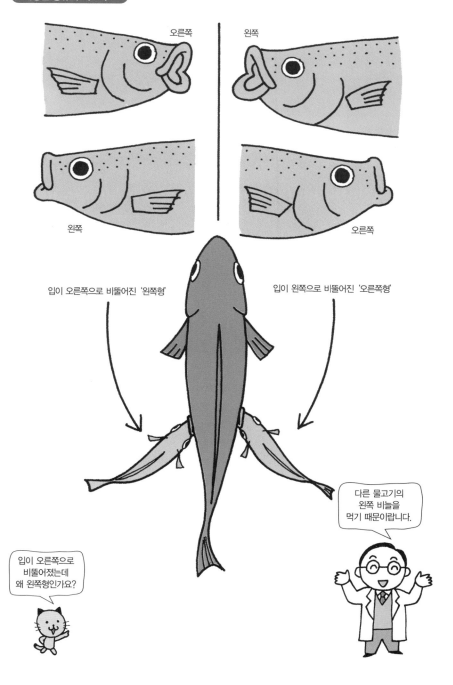

다양한 종류의 시크리드

오른쪽

왼쪽

왼쪽

오른쪽

입이 오른쪽으로 비뚤어진 '왼쪽형'

입이 왼쪽으로 비뚤어진 '오른쪽형'

입이 오른쪽으로 비뚤어졌는데 왜 왼쪽형인가요?

다른 물고기의 왼쪽 비늘을 먹기 때문이랍니다.

08 폭발적인 종 분화의 가설

🐟 **종 분화의 폭발이 일어나는 이유는 무엇일까?** 앞에서 핫 스팟에서는 종 분화가 폭발적으로 일어났다고 설명했다. 그럼 이와 같은 폭발적 종 분화가 일어난 이유는 무엇일까?

이 수수께끼를 풀기 위해 지금까지 많은 가설이 나왔다. 그러나 기존의 설은 동소적 종 분화를 기초로 증명한 것이었기 때문에 "왜 종 분화가 일어나는가?"라는 문제를 설명한 것에 지나지 않았으며, "왜 종 분화의 폭발이 일어났는가?"라는 의문에 대한 대답도 되지 않았다. 전자는 종 분화라는 하나의 사건을 다루는 것이고, 후자는 많은 사건이 왜 집중하여 일어났는지를 다루는 것이다. 전자의 설명은 종 분화의 폭발이 일어난 이유는 되지 않았다.

🐟 **핫 스팟에 공통되는 특징** "종 분화의 폭발이 일어난 이유는 무엇일까?"라는 수수께끼를 풀기 위해서는 핫 스팟의 특징을 알아야 한다.

예를 들어 탕가니카 호는 지리적으로 특수한 환경이다. 탕가니카 호를 포함한 세 호수는 두 지역(동아프리카판과 중앙아프리카판)의 경계, 즉 대지구대에 위치한다. 그래서 지각 변동이 일어나기 쉽고 호수 수위의 변화가 크다는 것이 증명되었다.

또 뉴기니 섬은 부근의 섬들과는 달리 산맥으로 둘러싸여 있는, 지리적으로 환경이 특수한 섬이다. 뉴기니 섬은 필리핀 해판의 끝에 위치하여 지금까지 큰 지각 변동의 영향을 받았다. 이와 같이 핫 스팟은 환경 변동이 극심한 곳이라는 특징이 있다.

🐟 **폭발적 종 분화의 가설** 이런 점에서 우리는 이소적 종 분화에 따른 폭발적 종 분화의 가설을 생각했다. 왜냐하면 이소적 종 분화는 종 분화로서 가장 자연스럽고, 일어나기 쉽기 때문이다.

그러나 핫 스팟에서는 많은 종이 같은 장소에 존재한다(동소성). 이것은 언뜻 보기에 이소적 종 분화와는 모순될 수도 있다. 하지만 다음과 같은 스토리를 생각하면 모순은 없다. ① 먼저, 어떤 종의 개체군이 존재한다. → ② 환경 조건이 좋아져서 서식 영역이 확대된다. → ③ 이번에는 반대로 환경 조건이 급속하게 악화된다. 그러면 개체군은 멸종하고 각각 지리적으로 분할된다(서식지의 분단화). → ④ 지리적 격리가 오래 계속되면 생식 격리(종 분화)가 일어나고 많은 신종이 형성된다. → ⑤ 각각의 종은 또 ①과 같은 개체군이 된다.

이와 같은 사이클이 반복되면 폭발적인 종 분화가 일어난다. 이 가설에 따라 핫스팟의 종의 특징(유전적 유사성이나 동소성)을 설명할 수 있다.

폭발적 종 분화의 모델

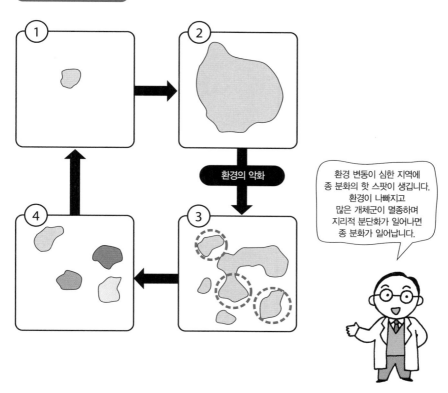

유전이
일어나는 과정

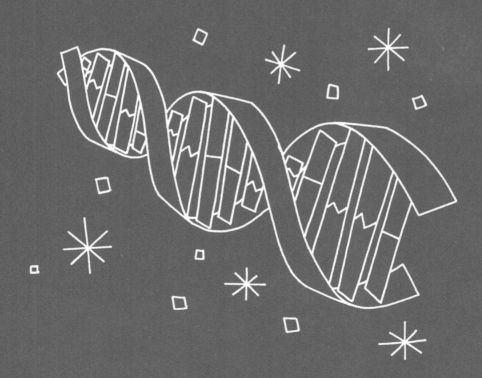

01

유전물질과 판게네시스 설

🌿 **유전의 판게네시스 설** 유전물질의 본체는 DNA이며, 유전자나 염색체를 구성한다.

그러나 다윈이 1859년에 자연 선택설에 따른 진화론을 제창한 당시에는 그런 지식이 없었다. 그래서 무엇이 자손에게 전달되는 유전물질인지 문제가 되었다.

이 유전물질의 가설로서 1868년에 다윈은 유전의 판게네시스 설(pangenesis, 범생설)을 주장했다. 판게네시스 설은 미세한 입자인 제뮬(gemmules)이 유전물질로서 체내에 널리 존재하고, 그것이 생식기로 이동하여 정자나 난자의 근원이 된다는 가설이다. 이것은 현재, 기본적으로 올바른 설로 여겨지고 있다.

🌿 **유전학의 발전** 바이스만은 쥐의 꼬리를 세대마다 자르는 실험을 통해 라마르크가 주장한 획득형질의 유전을 부정하고, 유전물질이 체세포에서 생식세포로 이동하지 않는다고 주장했다(오른쪽 그림).

그 후, 1900년대에 들어서 멘델의 유전법칙이 재발견되고 유전물질의 존재가 확인되어 그것을 유전자라고 부르게 되었다. 나아가 1940년대부터는 DNA(데옥시리보 핵산)가 유전물질이라는 사실이 판명되었다. 또한 1953년에 왓슨과 크릭이 DNA의 이중나선 구조를 발견하여 유전자의 구조가 확정되었다.

이에 따라 유전자는 일반적으로 핵 안에만 존재하고 그 물질이 자손에게 전파되면 유전이 일어난다는 사실이 확정되었다. 그리고 유전자의 발현 메커니즘, 즉 유전자가 유전자의 코드인 DNA에서 RNA(리보 핵산)로 옮겨져서 단백질(효소)이 만들어지고 다양한 효소의 통합적인 움직임에 따라 특정 표현형이 결정된다는 사실이 밝혀졌다.

유전자는 처음에 핵 안의 염색체 위에 있는 것으로 한정되었으며, 생식 및 번식을 통해 자손에게 전파되는 것이라고만 생각되었다. 그러나 1940년에 바버라 매클린턱이 움직이는 유전자인 트랜스포존(transposon)을 발견하여 염색체 위에서의 이동이나 세포 간의 이동이 명확해졌다.

그리고 최근에는 유전자가 동종의 다른 개체나 다른 종으로 이동하는 경우가 있다는 사실이 곤충이나 선충 등에 기생하는 볼바키아(Walbachia, 볼바키아속의 세균의 총칭)의 작용으로 증명되었다. 이와 같은 경우, 개체 간의 세균 감염(새끼에게 감염되는 수직감염과 구별하여 수평감염이라고 한다)을 통해 유전자가 다른 개체, 나아가서는 전혀 유사 관계가 없는 다른 종에게도 이동하는 일이 가끔 일어난다. 예를 들면 식물의 유전자가 곤충으로 이동하는 것이 있다.

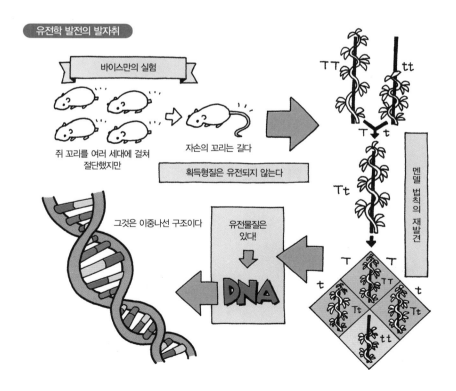

유전학 발전의 발자취

바이스만의 실험

쥐 꼬리를 여러 세대에 걸쳐 절단했지만

자손의 꼬리는 길다

획득형질은 유전되지 않는다

그것은 이중나선 구조이다

유전물질은 있다!

DNA

멘델 법칙의 재발견

02

유전자의 본체는 DNA에 있다

🐟 **유전자는 무한히 길다**   돌연변이를 이해하려면 유전자의 구조를 이해해야 한다. 생물은 많은 세포로 이루어져 있는데, 각각의 세포에 일정한 양의 유전자(DNA)가 똑같이 들어 있다. 유전자는 길이가 매우 긴데, 도쿄 이과대학교의 다케무라 마사하루 준교수의 계산에 따르면, 한 사람이 가지고 있는 DNA의 총 길이는 120조 m라고 한다. 이 길이는 1초에 지구를 일곱 바퀴 반이나 돌 수 있으며 빛의 속도로 달려도 46일이나 걸린다는 계산이 나온다.

🐟 **유전자는 단백질의 설계도**   유전자의 역할을 한마디로 말하면 '단백질의 설계도'이다. 왜냐하면 유전자는 단백질을 합성하는 정보를 갖고 있기 때문이다. 단백질이 생체반응을 조절하기 때문에 생체반응은 유전자로 제어된다. 그래서 만약 실수(변이나 전사 오류)를 범하더라도 바로 되돌리는 다양한 메커니즘을 갖추고 있다.

DNA 분자의 구조

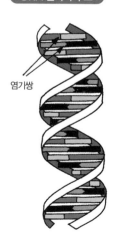

염기쌍

🐟 **유전자는 네 개 문자로 되어 있다**   왼쪽 그림은 이중나선 구조라는 DNA 분자의 구조이다. 유전정보는 아데닌, 티민, 구아닌, 시토신이라는 네 문자(ATGC)의 암호 형태로 DNA의 염기에 기록되어 있다.

염기는 A−T 또는 G−C라는 두 종류의 쌍으로 결합되어 있다. 이들은 수소결합을 이루고 있으며 A−T는 두 개, G−C는 세 개의 수소결합으로 되어 있다. 이 수소결합 수의 차이가 특정 쌍을 형성하는 원인이다.

쌍은 복제를 실행할 때 매우 편리하다. 유전자의 네 개 문자의 암호는 모든 생물에 공통되지만 배열순서가 다르다. 인간과 침팬지의 DNA는 99%가 같고 겨우 1%만 다르다. 인간과 인간의 유전자 차이는 더 작으며 대부분 친척 관계이다.

성을 결정하는 23번 염색체

유전자 DNA는 세포의 핵 속에서 합쳐져 염색체라는 집합체가 된다. 사람의 염색체의 수는 23쌍, 즉 46개이다.

각각의 쌍에는 번호가 붙어 있고, 남녀 간에는 사소한 차이가 있다. 23쌍 중 한 쌍의 염색체(제23번 염색체)는 성염색체라고 하는데, 이것이 남성과 여성을 결정한다. 아래 그림의 동그라미 표시와 같이 남성은 긴 X염색체와 짧은 Y염색체를 갖고 있고, 여성은 두 개의 X염색체를 갖고 있다.

염색체 수는 생물에 따라 다르다. 예를 들면 고양이는 19쌍, 개는 39쌍의 염색체가 있다.

사람의 염색체

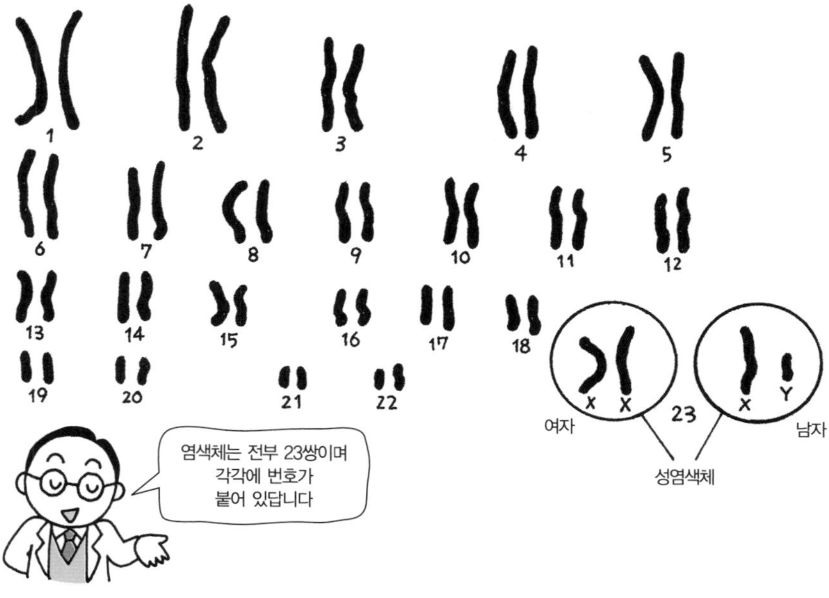

염색체는 전부 23쌍이며 각각에 번호가 붙어 있습니다

03 완두콩 관찰에서 발견한 멘델의 법칙

🐟 **멘델이 발견한 세 가지 법칙** 멘델은 완두콩을 관찰하여 세 가지 법칙을 발견했다. 멘델의 법칙이란 우열의 법칙, 분리의 법칙, 독립의 법칙을 말한다.

🐟 **우열의 법칙** 완두콩에는 황색과 녹색이 있다. 콩의 색은 한 쌍의 유전자(유전자형)로 결정된다(표 1). 여기서 황색의 형질을 뜻하는 유전자를 A, 녹색의 형질을 뜻하는 유전자를 a라고 하자. 이때, 유전자쌍(유전자형)으로는 (AA) (Aa) (aa)의 세 가지를 생각할 수 있다. 이 중 (AA)는 황색, (aa)는 녹색이 된다. 그럼 (Aa)와 같이 유전자가 대립했을 때는 어떻게 될까?

이때는 황색이 된다. 이것을 '유전자 A는 유전자 a에 대해 우성'이라고 하며(반대로 a는 A에 대해 열성이라고 한다), 이 법칙을 '우열의 법칙'이라고 한다.

🐟 **부모 한쪽의 유전자만 들어가는 분리의 법칙** 동물의 경우, 수컷의 정자와 암컷의 난자가 합체(수정)하여 새끼가 태어난다. 정자와 난자를 배우자라고 하는데, 배우자가 수정하여 다음 세대의 새끼가 된다.

이때, 부모의 유전자쌍 중 한쪽만이 50% 확률로 배우자에 들어간다. 이것을 '분리의 법칙'이라고 한다.

완두콩의 경우도 이와 동일하다. 완두꽃은 '수술'과 '암술'을 갖고 있다. '수술' 안의 화분이 '암술' 안의 밑씨에 부착(수분)되면 다음 세대의 종자가 된다. 배우자는 화분과 밑씨 속에 있다. 배우자 안에는 유전자형의 쌍 중에 한쪽만 들어간다.

🐟 **독립의 법칙** 이번에는 두 가지의 유전을 생각해 보자. 콩의 색은 황색의

형질을 뜻하는 유전자 A와 녹색의 형질을 뜻하는 유전자 a가 결정한다. 또 예를 들어 둥근 모양과 주름진 모양의 두 종류 콩이 있다고 하고 그 모양들이 B 또는 b의 유전자에 따라 결정된다고 생각하자.

독립의 법칙이란 콩의 색과 콩의 모양이 각각 독립적으로 유전한다는 뜻이다. 각각 별개로 생각하면 된다.

🌲 멘델의 법칙을 사용한 연습 문제 그럼 두뇌 체조를 해 보자. 완두콩 두 개를 키워서 한쪽 화분의 완두를 다른 쪽 완두의 암술에 수분한다고 할 때, 다음 두 경우에서 다음 세대에 나타나는 콩의 색을 추정해 보자.

[문제 1] 양쪽 완두가 모두 황색의 콩으로 유전자형이 Aa인 경우

(해답) 양쪽 완두의 유전자형이 Aa이기 때문에 거기서 나오는 유전자는 A나 a이다. 〔표 2〕를 보면 다음 세대의 유전자형은 (AA), (Aa), (Aa), (aa)의 네 종류이다. 이 중 녹색이 되는 것은 우열의 법칙에 따라 (aa)뿐이다. 따라서 다음 세대의 콩의 색은 $\frac{3}{4}$의 확률로 황색이 되며, 나머지 $\frac{1}{4}$의 확률로 녹색이 된다.

[문제 2] 한쪽은 황색 완두(유전자형 : Aa)이고 다른 한쪽은 녹색 완두인 경우

(해답) 황색 완두(유전자형 : Aa)에서 나오는 유전자는 A 또는 a이다. 또 녹색 완두는 유전자형이(aa)이기 때문에 선택되는 유전자는 a뿐이다. 따라서 다음 세대의 유전자형은 (Aa), (aa)의 두 가지이고, 다음 세대의 콩의 색은 황색이나 녹색이 각각 $\frac{1}{2}$의 확률로 나올 것이라고 추정할 수 있다.

표 1. 완두콩의 색과 유전자

표현형(콩의 색)	유전자형(유전자 쌍)	포함되는 유전자
황색	AA, Aa	A, a
녹색	aa	a

표 2. 문제 1의 해답

		황색(Aa)	
황색(Aa)	유전자	A	a
	A	AA	Aa
	a	Aa	aa

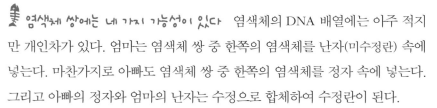

04
혈액형의 유전 구조

🐟 **염색체 쌍에는 네 가지 가능성이 있다** 염색체의 DNA 배열에는 아주 적지만 개인차가 있다. 엄마는 염색체 쌍 중 한쪽의 염색체를 난자(미수정란) 속에 넣는다. 마찬가지로 아빠도 염색체 쌍 중 한쪽의 염색체를 정자 속에 넣는다. 그리고 아빠의 정자와 엄마의 난자는 수정으로 합체하여 수정란이 된다.

이 수정란은 자식으로 성장하는데 그 염색체 쌍의 종류에는 네 가지의 가능성이 있다. 이것은 모든 염색체에 해당한다. 정자와 난자는 각각 23개의 염색체를 가지고 있으며 수정란은 그들이 합체하기 때문에 23쌍(46개)이 된다. 이와 같이 자식은 부모의 유전자를 절반씩 물려받는다.

유전의 방법

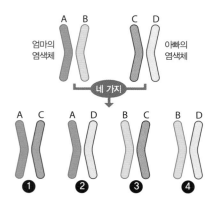

엄마의
염색체

아빠의
염색체

A B   C D

네 가지

A C   A D   B C   B D

❶   ❷   ❸   ❹

> 만약 자식이 아빠를 닮았다고 해도 아빠에게서 더 많은 유전자를 받은 것이 아닙니다. 자식은 부모에게서 절반씩 유전자를 물려받는답니다.

🐟 **혈액형을 결정하는 유전자** 여기서는 구체적인 예로 혈액형의 유전을 생각해 보자. 인간의 제9염색체에는 ABO식 혈액형의 유전자가 있다. 이 유전자는 A · B · O 세 종류뿐이다. 정자와 난자에는 각각 그중 하나의 유전자가 들어 있고, 그들이 합체(수정)하여 쌍이 되면 혈액형이 된다. 예를 들어 A인 정자와 B인 난자가 합체하면 AB형의 유전자 쌍이 된다. 유전자 쌍 AA와

AO의 혈액형은 A형이다. 마찬가지로 BB · BO는 B형, AB(BA)는 AB형, OO는 O형의 혈액형이 된다. 여기서 유전자 쌍 AO는 A형이 되고 BO는 B형이 된다는 점에 주목하자. 이것은 유전자 O가 유전자 A나 B에 대해 열성이기 때문이다(반대로 유전자 A나 B는 유전자 O에 대해 우성이다). 유전자 A와 B 사이에 우열은 없다.

[문제 1] **아빠와 엄마의 혈액형이 모두 A형일 때, 그 두 사람에게서 태어나는 아이의 혈액형은 무엇일까?**

(해답) 아빠는 A형이기 때문에 유전자쌍(유전자형)은 AA 또는 AO이다. 따라서 정자의 유전자는 A 또는 O가 된다. 엄마도 A형이기 때문에 난자의 유전자는 A 또는 O가 된다. 정자와 난자가 수정한 경우, 아래 표의 〔문제 1〕의 가능성을 생각할 수 있으며, 유전자쌍은 AA, AO, OO의 세 가지가 나타난다. 이들은 순서대로 A형, A형, O형이 된다.

[문제2] **아빠가 A형(AO), 엄마가 B형(BO)일 때, 태어나는 아이의 혈액형은 무엇일까?**

(해답) 이것은 네 종류의 혈액형이 모두 될 수 있다. 아빠는 A형이기 때문에 정자의 유전자는 A 또는 O이다. 엄마는 B형이기 때문에 난자의 유전자는 B 또는 O가 된다. 수정하면 아래 표의 〔문제 2〕에서 유전자 쌍은 AO, BO, AB, OO의 네 종류가 된다. 이들은 순서대로 A형, B형, AB형, O형이 된다.

사람의 혈액형과 유전자

혈액형 (표현형)	유전자형 (유전자 쌍)	포함되는 유전자
A형	AA, AO	A, O
B형	BB, BO	B, O
AB형	AB	A, B
O형	OO	O

문제 1

아빠 A형	엄마 A형		
	유전자	A	O
	A	A	AA
	a	AO	O

문제 2

아빠 A형	엄마 B형		
	유전자	B	O
	A	AB	AO
	O	BO	OO

05

신기한 유전자 복제(폴리메라아제)

🐟 **정확하게 유전자를 복제할 수 있는 이유는 무엇일까?** 유전자가 한없이 길기 때문에 이것을 복제할 때, 실수가 생기는 것은 당연하다고 할 수 있다. 예를 들면 한 사람당 DNA의 총 길이는 빛의 속도로 달려도 46일이나 걸린다. 아무리 정교한 기계라도 이렇게 긴 것을 복제할 때는 반드시 실수를 하게 될 것이다. 하물며 인간은 기계도 아닌데 당연히 실수를 하게 되지 않을까? 그럼에도 정확하게 유전자를 복제할 수 있는 이유는 무엇일까?

🐟 **유전자는 변이한다** 유전자는 강한 자극에 약하다. 예를 들면 자외선이나 담배 연기 속에 들어 있는 벤조피렌이 유전자를 변이시킨다는 사실이 잘 알려져 있다. 자외선은 DNA의 티민(T)에 작용하여 DNA를 변이시킨다. 두 개의 티민이 나란히 늘어선 곳을 티민 다이머라고 하는데, 이 티민 다이머라는 변이체(2량체)가 피부암의 원인이 된다.

지구 규모의 환경문제로서 오존홀의 확대가 심각해지고 있다. DNA 변이의 원인이 지구 위에 떨어지는 태양광이기 때문에 주의를 기울여야 할 문제라고 할 수 있다. 오존홀이 확대되면 자외선이 강해지고 피부암이 증가한다.

그런데 왜 지구의 생물은 몇억 년이나 태양광을 쬐어 왔음에도 불구하고 피부암에 걸리지 않을까? 그것은 오랫동안 태양광을 받은 덕분에 피부암에 걸리기 어려운 형질을 갖추었기 때문이다. 바꿔 말하면 자연 선택에 따라 피부암이 되기 어려운 형질을 획득한 생물만이 살아남은 것이다.

티민 다이머에 대한 자기 방위 기구로서 광 회복을 위한 효소가 있다. 이 효소는 항상 DNA를 순찰하고 티민 다이머를 발견하면 그 부분에 붙어 원래대로 되돌려 놓는다. 물론 유전자 변이는 이러한 회복 기구만으로 충분하지 않다.

부정확한 폴리메라아제

유전자 복제는 폴리메라아제로 인해 이루어진다. 복제 실수는 피할 수 없지만 대부분의 복제 실수는 복구된다. 그 구조에 대해 알아보자.

폴리메라아제에는 많은 종류가 있으며, 그중에는 DNA의 암호를 정확하게 복제하는 것도 있다. 그러나 그것만으로는 안 되며 '부정확한' 것도 필요하다. 왜냐하면 유전자에는 변이가 일어나기 때문이다.

자외선에 따른 변이(티민 다이머)는 폴리메라아제가 복구한다. 또 담배 연기의 벤조피렌에 의한 변이도 폴리메라아제가 복구한다. 이 복구 폴리메라아제는 복제 정밀도(복제 충실도)가 나쁘고 '부정확' 하다. 어쩌면 염기 하나하나를 제대로 식별하지 않을 수도 있다. 이것은 복제 충실도에서 보면 부정적이지만, 개체의 기능을 유지하는 데는 매우 중요한 역할을 하고 있다. 유전자의 오류(변이)를 그대로 인정하면 유전자의 기능을 잃어버리기 때문이다. 오류를 제대로 지적하고 복구시켜야 한다.

생체와 같은 복잡 적응계는 이러한 복구 기능을 갖추고 있다. 유전자는 생체 반응을 조절한다. 그 의미에서 유전자는 생체계 중에서 최고(사장)이다. 부하 직원은 최고를 따른다. 그러나 항상 따르기만 하는 것은 아니며, 사장의 오류를 복구하는 기능을 확실히 갖춘 부하 직원도 있다.

충실도에서 보면 '불성실' 한 부하가 필요하다

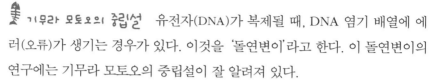

돌연변이와 중립설은 모순되는가?

기무라 모토오의 중립설 유전자(DNA)가 복제될 때, DNA 염기 배열에 에러(오류)가 생기는 경우가 있다. 이것을 '돌연변이'라고 한다. 이 돌연변이의 연구에는 기무라 모토오의 중립설이 잘 알려져 있다.

1960년대에 들어서 유전자를 구성하는 단백질의 아미노산 배열을 몇 개의 종에 대해 비교할 수 있게 되었다. 당시의 연구자는 분자 진화(돌연변이)의 속도가 일정할 것이라고 생각했지만 기무라는 이 연구를 더욱 진행시켜 돌연변이의 속도를 추정하고, "각 아미노산 부위는 12.5억 년에 한 번 돌연변이를 일으킨다."는 결론을 냈다. 즉, 하나의 아미노산 부위에 매년 약 0.8×10^{-9}의 동일한 비율로 치환이 일어난다는 것이다. 이 값은 작게 보이지만 실은 그 반대이다. 생체는 많은 단백질을 갖고 있고 각각의 단백질은 많은 아미노산으로 만들어진다. 따라서 이 값은 유전자의 치환이 빈번하게 일어난다는 사실을 나타낸다. 이 점에서 좋지도 나쁘지도 않은 중립적 치환이 많이 일어난다고 연상할 수 있다. 기무라는 자연 선택에 대해 좋지도 나쁘지도 않은 중립적 돌연변이가 일어난다고 주장했다(중립설). 기무라의 이러한 연구를 바탕으로 DNA 해석이 비약적으로 발전하게 되었다.

알고 보면 바람둥이인 새들 기무라 모토오의 중립설 이후, DNA 친자 감별이 실용화되었다. 그것은 조류학자에게도 응용되어 놀라울 정도의 성과를 가져왔다. 오랫동안 조류를 관찰해 온 바에 따르면, 작은 새들은 대부분 일부일처제를 따르고 있으며 암컷은 정숙한 아내라고 알려져 있어 아무도 아내가 부정을 저지르리라고는 생각하지 않았다. 그러나 새끼와 수컷의 DNA를 감정했더니 완전히 다른 결과가 나왔다. 새끼의 20~25%는 아빠가 달랐던 것이다.

그래서 조류학자는 암컷의 생태를 집요하게 추적하기 시작했다. 그 결과,

암컷이 가끔 수풀에 숨어서 다른 수컷과 바람을 피운다는 사실을 알게 되었다.

🐟 **중립설과 자연 선택의 대립?** 중립설이 제기된 당시에는 다윈의 자연 선택이론과 중립설의 대립이 문제가 되었다. 그러나 오늘날에는 그런 대립이 없다. 왜냐하면 자연 선택의 이론이란 표현형의 진화에 관한 이론이며, 표현형의 진화에는 극히 일부의 중심적인 유전자 부위가 관여하고 있기 때문이다. 즉, 중립설과 자연 선택 사이에 모순이 없다는 점이 확인되었다.

🐟 **중립설의 의미** 중립설에 따라 분자시계라는 개념이 확립되어 현재의 분자 계통 해석이라는 유전 코드 해석의 단자가 만들어졌다. 이런 의미에서 중립설은 유전자(DNA)의 발견과 함께 20세기 생물학의 최대의 성과라고 할 수 있다. 분자 계통 분석은 생물계통학뿐 아니라 의학에서, 또는 혈액 및 모발 등에 의한 인물 감정 등에도 많이 응용된다. 범죄 조사에서는 혈액이나 정액 등의 유전자 해석 데이터가 중요한 증거로 다루어지며, 범인 체포의 결정적인 요소로 작용한다.

범죄 조사에도 사용되는 분자 계통 해석

07 아직 과제가 많은 유전자 재조합 기술

🌿 **단백질을 합성하는 재조합 기술** 유전자는 단백질을 합성하는 정보를 갖고 있다. 이것을 이용하여 공업적으로 단백질을 합성할 수 있다.

재조합 기술(recombination techniques)이란 유전자를 적당하게 재조합하여 단백질을 합성하는 기술이다. 어떤 생물에서 얻은 DNA 조각을 다른 생물(숙주)의 DNA 안에 넣고 숙주 속에서 증식시키는데, 숙주로는 대장균이 많이 사용된다. 왜냐하면 대장균은 증식 속도가 매우 빠르고, 배양 조건이 좋으면 20분에서 30분 만에 분열하기 때문이다.

아래 그림은 인슐린을 합성하는 방법을 모식적으로 그린 것이다. 인슐린은 당뇨병 환자에게 중요하며 꼭 필요한 단백질이다.

🌿 **편모로 헤엄치는 방법** 대장균은 아래 그림과 같은 편모를 사용하여 이동한다. 그럼 편모를 어떻게 사용하면 좋을까?

여기에는 편모를 채찍처럼 사용하여 뱀처럼 이동한다는 설과, 편모 뿌리에 모터가 있어서 스크루처럼 편모를 회전시켜 헤엄친다는 두 가지 설이 있

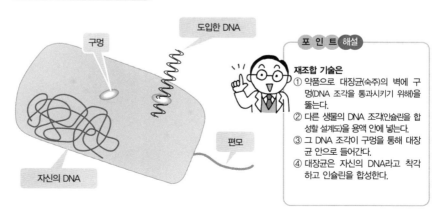

유전자 재조합으로 인슐린 합성

도입한 DNA

구멍

포 인 트 해설

재조합 기술은
① 약품으로 대장균(숙주)의 벽에 구멍(DNA 조각을 통과시키기 위해)을 뚫는다.
② 다른 생물의 DNA 조각(인슐린을 합성할 설계도)을 용액 안에 넣는다.
③ 그 DNA 조각이 구멍을 통해 대장균 안으로 들어간다.
④ 대장균은 자신의 DNA라고 착각하고 인슐린을 합성한다.

편모

자신의 DNA

다. 최근에 미세한 기계인 '편모 모터'가 발견되어 지금은 후자의 설이 더 타당하다는 주장이 있다.

🐟 재조합 기술은 다양하게 이용되고 있다

지금은 재조합 기술로 인슐린 이외에도 성장 호르몬, 인터페론 등을 대량으로 생산할 수 있게 되었다. 이것들은 의약품으로써 병 치료에 도움이 된다. 또 재조합 기술은 농작물에도 사용되는데, 이러한 농작물을 'GM(genetic modification, 유전자 변형) 식품'이라고도 한다.

재조합 기술은 인공적으로 다른 생물에 다른 유전자를 도입하는 것으로서, 종의 벽을 넘어 개량할 수 있다는 점에서 기존의 품종 개량과 완전히 다르다. 그 결과, 개량의 범위가 대폭 확대되었다.

유전자 재조합 기술은 21세기의 식량 문제, 지구 환경문제 등을 해결하기 위해서도 중요하지만 반대로 문제점도 많다. 최대의 문제점은 재조합 과정이 우연적이라는 점이다. 예를 들면 유전자가 숙주의 어디에 들어가는지는 우연히 결정된다. 즉, 재현성이 확실하지 않다. 재현성이 없으면 예기치 못한 일이 일어날 수 있는데, 실제로 알레르기 등의 증상이 나타난다는 동물 실험도 보고되었다.

🐟 바이오해저드의 위협

유전자 조작에는 지금까지 지구 위에 존재하지 않았던 유전자를 인공적으로 만들어 내는 위험성도 숨어 있다. 특히 어떤 바이러스에 다른 바이러스의 유전자를 재조합하는 것은 인류에게 위협이 될 수 있다. 유전자 재조합으로 만들어진 '바이오 백신'으로 사고가 발생했다는 보고가 있다.

이와 같이 미생물 관리에 실패해서 일어나는 재해를 '바이오해저드'라고 한다. 예를 들면 1979년 우랄 공업 지대의 중심 도시인 스베르들롭스크에서는 탄저균 사고로 100명 이상의 사망자가 발생했다. 이것은 대규모 '세균 병기' 연구소에서 탄저균이 외부로 누출되었기 때문이다.

CHAPTER 04

다음 세대에 남기는
최적의 자손 수

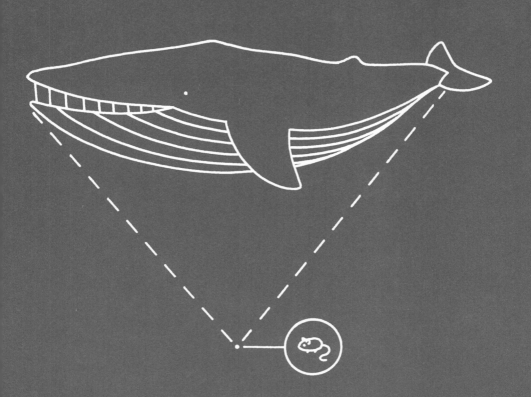

01

제비가 낳는 최적의 알 수

🐟 **생물 진화란 적응도를 최대로 하는 과정** 최적화 이론이라고 하면 게임이론을 연상하는 사람이 많을 것이다. 게임이론에 대해서는 제6장에서 자세히 설명하기로 하고, 여기서는 게임이론과 별로 관계없는 화제로 한정하여 설명한다.

생물 진화란 적응도를 최대로 하는 과정이다. 적응도란 다음 세대에 남기는 자손의 수이다. 자손을 많이 남기는 개체는 살아남고 적게 남기는 개체는 멸종한다. 단순하게 생각하면 생물은 알이나 새끼를 많이 낳도록 진화되었다. 그러나 조류나 포유류는 새끼를 적게 낳고 소중히 기른다. 이러한 전략은 적응도(자손의 수)를 최대로 한다는 진화의 원리와 언뜻 모순되는 것 같지만 그렇지 않다. 최적의 알 수란 단순한 개수가 아니라 자손을 많이 남기기 위한 가장 적당한 수이기 때문이다.

🐟 **랙의 이론** 새는 왜 더 많은 알을 낳지 않을까? 이 수수께끼를 처음 푼 사람은 랙이다. 랙은 수많은 제비집을 관찰하다가 대부분의 제비는 두 개의 알을 낳는다는 사실을 발견했다(최적의 알 수=2). 그리고 아래 표와 같은 관측 결과를 발표했다.

'클러치 사이즈(clutch size)'란 새가 한 번에 낳는 알의 수이다. 제비의 경

제비의 데이터

한 번에 낳는 알의 개수 (clutch size)	관측한 제비집 수	둥지를 떠나는 비율 (%)	둥지를 떠나는 수/둥지 (적응도)
1	36	83	0.8 마리
2	204	84	1.7 마리
3	96	58	1.7 마리

적응도는 첫 번째 열과 세 번째 열을 곱해서 구했다

우에 적응도는 둥지를 떠난 새의 수이며, 표의 오른쪽 끝부분이 여기에 해당한다. 그 적응도가 최대가 되도록 진화가 일어나고, 알 수가 2 또는 3일 때가 최적이라는 사실을 관찰에서 알 수 있었다. 또 일반적으로 어미 새는 어떤 해에 알을 많이 낳으면 낳을수록 다음 해의 출산율이 저하한다는 사실도 알고 있었다. 많은 새끼를 키우면 여러모로 체력이 소모되기 때문이다. 따라서 일 년이 아니라 오랜 세월의 적응도를 생각하면 '알 수=2'일 때가 최적 상태가 된다. 이렇게 적응도가 최대가 되기 때문에 많은 제비가 두 개의 알을 낳는 것이다.

박새의 조작 실험 새에게 '최적의 알 수'가 존재한다는 사실은 박새의 알 수를 조작하는 실험에서 확인되었다. 박새는 둥지 안의 알을 하나 없애면 또 하나를 낳아 둥지 안의 알을 항상 여덟 개로 만든다. 이 점에서 박새의 최적 알 수가 여덟 개라는 사실을 알 수 있다.

가짜 알 작전 이러한 새의 습성을 이용하여 일본의 효고 현 이타미 시에서는 민물가마우지를 구제했다. 이 도시는 민물가마우지를 구제하기 위해 전국에서 가장 먼저 가짜 알 작전을 채택했다.

민물가마우지는 1920~1930년대까지만 해도 일본의 간토 지방에서 자주 볼 수 있었다. 한때 환경 악화와 무질서한 수렵으로 그 수가 줄어들어, 간토 지방에서는 우에노의 시노바즈노이케가 유일한 번식지일 정도였지만, 최근에 이르러 다시 서서히 증가하여 구제해야 할 나쁜 새가 되고 말았다.

이타미 시의 가짜 알 작전은 지점토(석고나 목제)로 만든 가짜 알로 증식을 억제하는 것이었다. 직원들이 실제 알과 가짜 알을 바꿔 넣었더니 어미 새는 실제 알로 착각하고 가짜 알을 품었다. 최장 109일간 품고 있던 어미 새도 볼 수 있었다. 민물가마우지에게도 최적의 알 수가 있으며, 둥지 안의 알을 없애지 않는 한 알을 낳지 않는다.

02 17년마다 대량으로 발생하는 신기한 매미

🐟 주기 매미의 수수께끼 주기 매미는 미국에 널리 분포하는 세계에서 가장 신기한 곤충이다. 17년(또는 13년)이라는 세계에서 가장 긴 주기로 대량 발생하기 때문이다. 대량 발생하면 여러 지역의 모든 공간이 이 매미로 가득 찰 정도이다.

그럼 발생 주기는 왜 17년과 13년이라는 소수(素數)로 나타나며, 15년이나 16년이 없는 이유는 무엇일까? 지은이 중 한 명인 요시무라는 빙하기의 한랭화에서 이 해답을 발견했다.

🐟 주기 매미의 조상 주기 매미는 다음과 같이 진화했다. 원래 주기 매미의 조상은 유지 매미처럼 매년 발생하는 보통 매미였다. 물론 알에서 성충으로 성장하는 기간은 흙의 온도가 높으면 빠르고 낮으면 느리기 때문에 흙의 조건에 따라 5~8년으로 다소의 변동이 있었다. 그런데 빙하기가 시작되고 한랭화되면서 성충이 되는 기간이 길어졌다. 그래서 유충의 사망률이 극단적으로 상승하고 대부분 멸종하고 말았다.

운 좋게 성충이 된 것은 미국 동부에 남아 있던 레퓨지아(피난 장소)라는 삼림에 있는 몇 마리의 매미뿐이었다. 이 성충의 자손은 주기가 일치한 자손만 근근이 존속하게 되면서 주기성이 진화했다. 즉, 성충으로 성숙하는 연수에 변동이 있었던 것이 온도와 관계없이 일정 연수로 나오게 되었고, 그 주기의 길이는 차가운 환경에서는 18년, 따뜻한 환경에서는 12년으로 큰 변이가 있었는데, 이 주기가 다른 자손들이 만나 교배가 이루어지게 되었던 것이다.

🐟 주기는 왜 소수일까? 그럼 이 매미는 왜 소수 주기로 발생할까?

답은 간단하다. 소수 주기인 매미는 다른 주기의 매미와 교배가 이루어지지 않았기 때문이다. 예를 들어 12~18년의 주기 매미가 공존하고 있다고 하자. 만약 다른 주기의 매미 사이에 교배가 이루어지면 자손의 주기성이 아무렇게나 되어 버린다. 그러면 그 자손이 성장하여 흙에서 나왔을 때 교배 상대를 만나지 못해 멸종하게 된다. 소수 주기 매미는 다른 어떤 주기 매미와도 만날 가능성이 매우 낮으며, 교배 횟수도 극히 적다.

그리고 이 적은 만남은 개체 수의 차이에 반영된다. 교배의 결과 17년이 9마리, 15년이 한 마리의 비율이 되었다고 할 때, 17년의 암컷은 90%의 확률로 적절한 17년의 수컷과 만나지만 15년의 암컷은 10%만 적절한 15년의 수컷과 교미하게 된다. 이 빈도 의존 피드백이 17년과 13년 이외의 주기를 완전히 멸종시킨 원인이라고 생각된다. 주기 매미의 진화는 역행할 수 없는 불가역적인 진화이다.

주기 매미가 만나는 연수

	12	13	14	15
12년		156	84	60
13년	**156**		**182**	**195**
14년	84	182		210
15년	60	195	210	

	15	16	17	18
15년		240	255	90
16년	240		272	144
17년	**255**	**272**		**306**
18년	90	144	306	

일본의 매미와 미국의 주기 매미

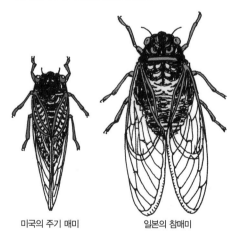

미국의 주기 매미　　　　일본의 참매미

포 인 트 해설

12년에서 15년 및 15년에서 18년 주기가 있다고 가정하고 각 주기의 만남 연수를 표시했습니다. 소수일 때, 가장 교배 빈도가 적어지더군요. 위 표의 갈색 숫자는 교배 빈도가 높아 멸종할 때를 가리킵니다.

성전환하는 물고기들

포악한 수컷을 없애는 물고기의 성전환 대부분의 유성생식 생물은 수컷과 암컷의 구별이 확실하다. 그러나 흰동가리나 청줄청소놀래기 등 산호초에 서식하는 물고기들은 쉽게 성전환을 한다. 성전환이란 환경조건에 따라 성이 바뀌는 것이다.

말미잘과 공생하는 것으로 알려진 흰동가리는 '일부일처제'로 쌍으로 서식하는 일이 많다. 그리고 큰 개체가 반드시 암컷이다. 작을 때는 수컷으로 자라서 큰 암컷과 부부가 된다. 그러나 그 암컷이 죽으면 자신이 암컷으로 성전환하여 작은 수컷과 부부가 된다. 이 습성을 확인하기 위해 주쿄 대학교의 구와무라 데쓰오 교수는 다음과 같은 실험을 했다.

바다에서 산호 두 개를 채취하여 그 각각에 흰동가리 쌍의 짝을 바꿔 넣었다. 즉, 한쪽 산호에는 수컷 두 마리를, 다른 산호에는 암컷 두 마리를 넣고 수조 안에서 억지로 상대를 교배하여 길렀다. 그러자 약 한 달 후, 흰동가리가 성전환을 했다. 두 산호에 모두 흰동가리의 알이 붙어 있었던 것이다.

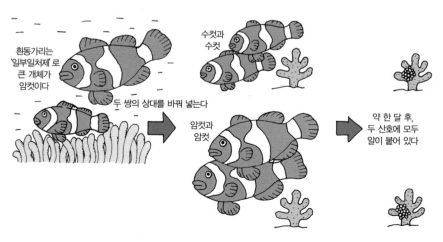

흰동가리의 혼인 시스템

흰동가리는 '일부일처제'로 큰 개체가 암컷이다

두 쌍의 상대를 바꿔 넣는다

수컷과 수컷

암컷과 암컷

약 한 달 후, 두 산호에 모두 알이 붙어 있다

흰동가리와 달리 청줄청소놀래기는 가장 큰 것이 수컷이고 나머지는 암컷이다. 청줄청소놀래기는 청소어로 잘 알려진 물고기로서, 큰 물고기의 기생충을 먹고 산다. 청줄청소놀래기 수컷은 영역이 각각 지름 50m 정도이며, 그 안에 암컷이 평균 다섯 마리가 사는 '일부다처제'를 취한다. 일부다처제는 일부 수컷에게만 좋을 뿐, '밀려나는 수컷'이 생기게 된다. 그러나 청줄청소놀래기는 성 전환으로 암컷이 되기 때문에 '밀려나는 수컷'이 나오지 않는다.

청소어인 청줄청소놀래기

청줄청소놀래기는 다른 물고기의 몸이나 입 안의 기생충을 포식하는 청소어로 알려져 있다

가장 큰 것이 수컷이고 하렘을 만든다

성전환과 체외수정 그럼 성전환은 어느 경우에 일어날까?

성전환을 하는 것이 별로 힘들지 않은 경우일 때라고 할 수 있다. 성전환은 체내수정을 하는 생물의 경우에는 일어나지 않지만, 체외수정을 하는 생물에게는 일어날 가능성이 있다. 물고기의 경우에는 암컷이 낳은 알에 수컷이 정자를 붙이는 체외수정을 한다. 이 경우, 수컷과 암컷의 생식세포에는 차이가 별로 없으며 성전환의 고통도 거의 없다. 그러나 포유류의 경우에는 체내수정을 하기 때문에 수컷과 암컷의 생식기관의 모양이 크게 다르다. 특히 암컷에게는 임신하기 위한 구조가 필요하고 그것을 바꾸는 데는 큰 희생이 필요하기 때문에 포유류에서는 성 전환이 일어나지 않는다.

04 첩이 되는 새들

🐟 **조강지처가 될 것인가, 첩이 될 것인가?** 가난해도 헌신적인 수컷의 조강지처가 될 것인가, 아니면 유복한 수컷의 첩(싱글맘)이 될 것인가?

어떤 새가 이러한 딜레마에 빠졌다. 그 새는 '라크 번팅(Lark Bunting)'이라는 이름의, 종달새 같은 멧새의 일종인데 종달새처럼 봄에 초원에 집을 짓는다.

이 새는 봄에 수컷이 먼저 날아와서 자기 영역을 만들면, 나중에 암컷이 날아와서 수컷에게 구애한다. 먼저 도착한 건강한 암컷은 가장 멋진 영역을 만든 수컷에게 구혼하여 집을 짓고 새끼를 기르기 시작한다. 물론 수컷도 새끼 기르기를 돕는다. 다음 암컷은 두 번째로 멋진 영역의 수컷에게 구혼한다. 암컷은 이처럼 순서대로 남아 있는 수컷에게 구애한다.

그런데 그중에 이미 암컷이 있는 수컷에게 구애하여 그 영역에 집을 짓는 암컷이 있다. 이때 수컷은 교미를 해도 새끼 기르기는 돕지 않는다. 즉, 이런 경우의 암컷은 첩과도 같은데, 아직 주위에 암컷이 없는 수컷이 많이 있는 데도 불구하고 그와 같은 선택을 한다.

라크 번팅

🐟 **첩이 되는 이유** 이 새의 암컷은 다음과 같은 이유로 첩이 된다고 한다. 이 새는 초원에 집을 짓기 때문에 새끼들이 강한 직사광선을 받아 죽을 확률이 높다. 그래서 암컷은 영역 내에 그

늘이 될 수풀이 있는 수컷을 '우월한 수컷'으로 선택한다. 그러나 좋은 수풀은 별로 많지 않다. 나중에 온 수컷에게는 수풀이 얕고 그늘이 별로 없는 곳밖에 남아 있지 않다. 즉, 좋지 않은 영역을 가질 수밖에 없는 것이다.

이때 늦게 온 암컷은 집을 짓기 시작할 때 두 가지 선택에 맞닥뜨리게 된다. ① 좋지 않은 영역에서 그곳의 수컷과 같이 새끼를 기를 것인가? ② 좋은 영역에서 자기 혼자 새끼를 키울 것인가? ①은 새끼가 열사병으로 죽을 가능성이 높다는 단점이 있고, ②는 먹이 구하기 같은 일을 모두 혼자 해야 한다는 단점이 있다. 열사병의 위험을 선택할 것인지 싱글맘을 선택할 것인지의 기로에 놓인 것이다.

아래 도표에 라크 번팅 암컷의 선택과 적응도를 나타냈다. 암컷은 도착 순서대로 적응도가 낮아지기 때문에 ①, ②, ③, …… 순으로 선택한다. 여기서 계열 1은 싱글맘(일부다처제의 첩의 지위)의 적응도로, 영역(덤불, 수풀의 질, 둥지가 있는 장소)의 가치만 나타낸다. 계열 2는 일부일처제의 조강지처의 적응도로, 영역의 가치와 암컷의 새끼 기르기 가치의 합계 적응도이다. 그림에서는 ③과 ⑤에 도착한 암컷은 자식을 기르기 위해 싱글맘이 된다.

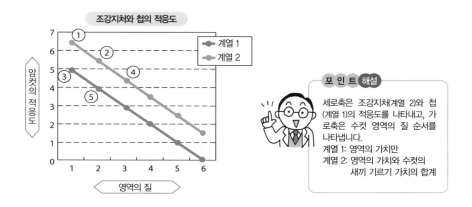

라크 번팅 암컷의 선택과 적응도

조강지처와 첩의 적응도

포 인 트 해설

세로축은 조강지처(계열 2)와 첩(계열 1)의 적응도를 나타내고, 가로축은 수컷 영역의 질 순서를 나타냅니다.
계열 1: 영역의 가치만
계열 2: 영역의 가치와 수컷의 새끼 기르기 가치의 합계

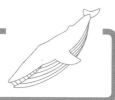

05 동물 무리의 크기가 결정되는 방식

🐟 **무리의 최적 크기**   초식동물이나 새는 자주 무리를 짓는다. 그럼 그 무리의 크기는 어떻게 결정될까?

일반적으로는 무리의 크기와 개체의 이득의 관계를 생각하여, 무리를 형성하는 것에 따른 개체의 이익과 손실을 구한다. 개체의 총체적 이득은 그 차이로 결정된다(총체적 이득=이익−손실).

초식동물이나 새가 무리를 짓는 편이 이익이 되는 것은, 예를 들면, 천적의 존재를 빨리 발견할 수 있다. 즉, 잡아먹히는 것을 피할 수 있는 효과가 있다.

그러나 손실도 있다. 자원이나 먹이에는 한계가 있기 때문에 무리의 크기가 너무 커지면 전체 개체의 먹이를 확보할 수 없게 된다. 또 무리의 크기가 너무 크면 천적의 표적이 되기 쉽다.

이렇게 이익이나 손실과 무리 크기의 관계는 아래 도표와 같다. 이 그림에서 총체적 이득(갈색 선)이 최대가 되는 부분에서 무리의 크기가 결정된

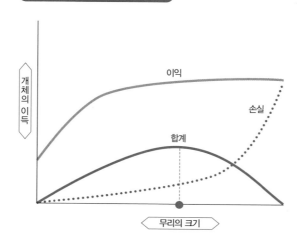

무리의 크기와 개체의 이득의 관계

이익

손실

개체의 이득

합계

무리의 크기

총체적 이득(갈색 선)은 이익과 손실의 차이로, 최적 크기는 최대치에서 결정됩니다(갈색 원).

다. 즉, 개체의 이득이 최적이 되도록 초식동물이나 새, 물고기 등이 무리로 행동한다고 생각할 수 있다.

프랙털 분포 무리의 크기가 결정되는 것은 생물에 따라 그 원인이 다양하기 때문에 반드시 위에서 말한 일반론이 성립하는 것은 아니다. 무리의 최적 크기는 전체 개체 수에도 영향을 미친다.

그러나 일부 식물 등은 최적 크기에 따라서가 아니라 프랙털(fractal) 분포를 하고 있는 경우가 있다. 프랙털의 경우에는 무리의 크기에 대해 '거듭제곱 분포'를 하고 있으며, 무리의 수와 크기의 관계는 아래 도표와 같다. 거듭제곱 분포(프랙털 곡선)란 아래 그림의 두 축을 대수(對數)로 하여 구성하면 직선이 되는 것이다.

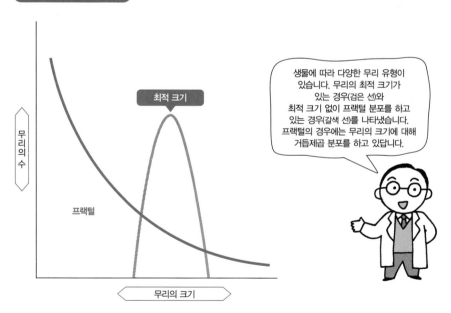

무리의 수와 크기의 관계

생물에 따라 다양한 무리 유형이 있습니다. 무리의 최적 크기가 있는 경우(검은 선)와 최적 크기 없이 프랙털 분포를 하고 있는 경우(갈색 선)를 나타냈습니다. 프랙털의 경우에는 무리의 크기에 대해 거듭제곱 분포를 하고 있답니다.

06

노화가 일어나는 이유

🐟 **생물에게는 수명이 있다** 생물의 수명은 생물 종에 따라 거의 정해져 있다. 자손을 많이 남기기 위해서는 수명이 길게 진화하겠지만 그러한 진화는 거의 관측되지 않는다. 그럼 왜 수명은 늘어나지 않을까? 또 노화는 왜 일어날까? 이 수수께끼를 풀기 위해 지금까지 프로그램설, 세포시계설, 활성탄소설 등의 많은 이론이 나왔다. 그러나 그 많은 가설이 "생물은 왜 노화를 필요로 할까?"라는 질문(궁극적 요인)에는 답하지 못했다.

이 질문에 답이 되는 이론도 조금 있지만, 이 이론은 어떤 트레이드오프(tradeoff, 한쪽을 최적화하면 다른 한쪽이 희생이 되는 관계)를 도입했다. 수명이라는 지표와 다른 어떤 지표의 트레이드오프를 생각하여 양쪽의 지표에서 최적의 답을 얻는 방법으로서, 그 최적의 답에서는 수명이 유한하다고 한다. 이러한 트레이드오프를 생각하지 않고 노화나 죽음의 필요성을 설명할 수는 없을까?

여기서는 우리가 생각한 '생태학적 아포토시스(apoptosis)'의 이론을 소개하겠다. 이것은 트레이드오프를 생각하지 않고 단지 수명이라는 지표만 생각하는 이론이다.

🐟 **수명이 길지 않은 편이 좋이 번성한다** 아포토시스는 세포의 자살 기구이다. 예를 들어 처음에 태아의 손은 뭉툭한 모양을 하고 있다. 그 후, 불필요한 세포가 잘리고 손에 손가락이 생긴다. 이 자르는 기구가 아포토시스이다. 아포토시스란 생명체가 적극적인 이유로 자신의 세포를 죽이는 것이다. 뭉툭한 손보다 손가락이 있는 손이 더 높은 적응도를 갖기 때문에 개체의 이익을 위해 세포가 희생한다. 이렇게 개체의 적응도를 높이기 위해 아포토시스는 진화했다.

우리는 세포 단계의 죽음인 아포토시스를 생태학적 단계의 아포토시스로 확장했다. 물론 생태계가 생물은 아니기 때문에 생태계로서 장점이 있어도 개체의 적응도를 높이지는 않는다. 따라서 생태학적 아포토시스의 진화가 어떤 이유로 일어났는지를 설명할 필요가 있다. 많은 모델 생태계의 시뮬레이션에 따라 아래 도표와 같은 결과를 얻었다. 가로축은 생물의 수명, 세로축은 개체 수의 장시간 평균값(정상 개체 수)을 나타낸다.

여기에서 다음 사실을 알 수 있다. 정상 개체 수를 최대로 하는 것은 수명이 유한할 때이다. 예를 들어 수명이 매우 길다고 가정해 보자. 이때 일시적으로는 그 생물의 개체 수가 증가한다. 그러나 대부분의 경우, 장기적으로는 반대의 부작용이 일어나고 개체 수가 감소한다. 주식으로 하고 있는 생물이나 자원이 부족하기 때문이다. 중요한 먹이를 멸종시켜 버리는 일도 많다. 또 자신의 천적을 증가시킬 수도 있다.

이러한 부작용 때문에 장기적으로 보면 정상 개체 수는 감소한다. 즉, 생태계에서는 다른 생물과의 관련(균형)이 중요하다. 또 노화는 수명의 최적치가 있으면 필연적으로 일어나게 된다.

수명의 유한성은 암의 진화와도 관계가 있다. 암은 숙주가 필요함에도 불구하고 그 숙주인 개체를 죽음에 이르게 한다. 수명을 최적화하기 위해(자손의 번성을 위해) 숙주를 죽이는 것이다.

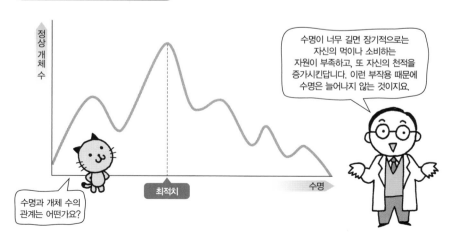

생물의 수명과 정상 개체 수의 관계

정상 개체 수

수명이 너무 길면 장기적으로는 자신의 먹이나 소비하는 자원이 부족하고, 또 자신의 천적을 증가시킨답니다. 이런 부작용 때문에 수명은 늘어나지 않는 것이지요.

최적치

수명

수명과 개체 수의 관계는 어떤가요?

07 개미가 먹이까지 도달하는 최적 경로를 발견하는 이유

 개미의 집짓기를 가능하게 하는 군 지능 지구 위에서 가장 개체 수가 많은 종은 곤충이다. 그중에서도 개미는 개체 수가 다른 생물과는 자릿수가 다를 정도로 많고, 전 세계에 분포한다. 지구 위에서 가장 강한 생물이라고 할 수 있다. 개미 사회에서는 페로몬이라는 분비액(화학물질)을 사용하여 정보를 교환한다. 이 페로몬에 따라 개미는 군 지능을 가진다고 한다.

군 지능이란 개미 개개의 행동은 단순해도 무리가 되면 적응도를 비약적으로 상승시키는 능력이다. 전형적인 예는 개미의 집짓기나 먹이 운반 행동이다. 개미의 집짓기는 대규모적인 훌륭한 토목공사이다. 그러나 여왕이 공사를 지시하는 것도 아니며, 설계도도 없다. 개미는 각자 자기가 있는 국소적인 환경을 인식하고 간단한 행동을 취하는 것뿐이다. 그러나 많은 개미의 정보교환에 따라 집짓기라는 대사업을 이룰 수 있다.

개미가 행렬을 만드는 이유 개미는 먹이를 발견하면 그것을 집으로 옮긴다. 개미 무리는 집에서 먹이가 있는 곳까지 최적의 경로를 탐색하는 능력이 있다. 개미는 어떻게 최적(최단)의 경로를 탐색할까?

이 수수께끼는 개미의 행동학 연구를 통해 처음으로 해명되었다. 개미는 먹이가 있는 곳에서 집까지 돌아오는 경로와 집에서 먹이가 있는 곳까지의 경로에 페로몬으로 표시를 한다. 페로몬을 감지한 개미들은 먹이로 향한다. 그때 개미는 행렬을 만든다. 페로몬은 휘발성이 있어서 계속 분비하지 않으면 말라서 없어져 버리기 때문이다.

중요한 역할을 하는 '게으른' 개미 처음에 한 마리의 개미가 〔그림 1〕의 실선과 같은 경로로 먹이가 있는 곳을 발견했다고 하자. 먹이를 발견한 개미는 자신의 페로몬을 길에 표시하고 실선과 같은 경로로 집에 돌아간다. 그러자 많은 개미가 집에서 나와 실선 경로를 왕복한다. 왕복할 때 길 표식으로 페로몬을 분비한다.

그러나 이와 같은 '성실한' 개미만 있는 것은 아니다. 집단 속에는 '게으른' 개미도 있다. 만약 한 마리의 '게으른' 개미가 〔그림 1〕의 점선과 같은 경로를 간다고 하자. 그럼 다음에 오는 개미에게는 길이 둘로 나뉘게 된다. 점선은 경로가 더 짧기 때문에 왕복하는 데는 실선보다 적합하다. 뒤따라오는 개미는 당초 어떤 경로가 적합한지 모르기 때문에 양쪽의 길을 가게 된다. 물론 페로몬이 짙은 쪽의 길을 선호하는 경향이 있다. 많은 개미가 여러 번 왕복하는 동안에 양쪽의 길에 차이가 난다. 경로가 짧으면 왕복하는 개미의 밀도가 증가하게 되므로, 그 결과 점선 경로에 있는 페로몬 농도가 점점 높아지게 된다(도표 1). 그리하여 마침내 완전히 더 적합한 길(점선)만 선택되기에 이른다.

개미 집단에는 전체를 통솔하는 리더가 존재하지 않지만, 개미들은 마치 리더가 있는 것처럼 매우 고도의 작업(일)을 실행한다. '게으른' 개미의 존재는 최적 경로를 탐색하는 데 중요한 역할을 한다. 최근에 미국의 우편회사는 개미의 이러한 탐색 방법을 응용해서 비용을 대촉 절감할 수 있었다. 컴퓨터 시뮬레이션으로 배달원의 경로를 계산하여 배달 경로의 간소화에 성공한 것이다.

개미집

먹이가 있는 곳

한 마리의 개미가 실선 경로에서 먹이가 있는 곳을 발견했다. 그리고 실선 경로로 집에 돌아간다. 그럼 많은 개미가 실선 경로를 왕복한다. 그러나 집단 속의 '게으른' 개미가 점선 경로를 가면 이윽고 개미들은 점선 경로를 선택하게 된다.

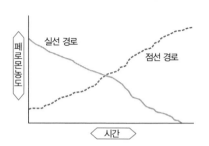

페로몬농도

실선 경로

점선 경로

시간

처음에 점선 경로의 페로몬 농도는 별로 높지 않았다. 그러나 많은 개미가 여러 번 왕복하는 동안에 조금씩 학습하고 더 적합한 길을 선택하는 개미가 늘어났다. 그 결과, 점선 경로의 페로몬 농도가 점점 높아졌다.

08

페로몬과 『파브르 곤충기』

페로몬과 호르몬 생물이 분비하는 화학물질에 페로몬이라는 것이 있다. 체내에서 작용하는 호르몬과 이름이 비슷한데, 이것은 페로몬이 호르몬과 비슷한 물질이라는 의미로 이름이 붙여졌기 때문이다.

페로몬은 호르몬과 마찬가지로 매우 소량으로 작용하는 물질이다. 그러나 호르몬과는 매우 다르며, 체외로 나와 동종의 다른 개체에게 작용한다. 다른 종에 작용하는 경우에는 카이로몬이라고 한다. 유명한 페로몬으로, 나방의 암컷이 방출하여 수컷을 끌어들이는 성페로몬이나 개미의 길 찾기 페로몬이 있다.

페로몬이라는 이름이 붙여진 것은 최근이지만 처음 페로몬을 발견하여 자세하게 조사한 사람은 그 유명한 파브르이다. 『파브르 곤충기』 안에 그 관찰과 실험 내용이 들어 있다.

『파브르 곤충기』의 '큰공작산누에나방의 밤' 파브르는 어느 날 아침, 연구실에서 날개가 다 자란 큰공작산누에나방의 암컷을 망 안에 넣어 두었다. 큰공작산누에나방은 날개를 펴면 12cm나 되는 유럽 최대의 아름다운 나방이다. 그날 밤, 집 안에 수십 마리나 되는 큰공작산누에나방의 수컷이 날아들었다. 연구실에는 20마리나 되는 수컷이 들어와 암컷의 망 주위를 날아다녔다.

거기서 파브르는 이 나방의 수컷이 어떻게 암컷 근처로 왔는지를 조사했다. 수컷 나방은 깜깜한 밤 8시부터 10시에 가장 많이 날아왔다. 또 암컷이 있는 연구실뿐 아니라 다른 방에도 많이 날아들었다. 즉, 정확하게 암컷이 있는 장소를 아는 것은 아니었다. 그럼 수컷은 어떻게 암컷을 발견했을까?

파브르는 빛, 소리, 냄새 중 어느 것과 관계되어 있을 것이라고 추측했다. 그런데 나방은 어떤 소리도 내는 것 같지는 않았다.

우선 밀폐된 유리 상자 안에 암컷을 넣어 두었다. 그랬더니 수컷은 한 마리도 날아들지 않았다. 또 옷장 옆에 있는 종이 상자 안에 암컷을 넣었더니, 수컷은 옷장에 들어 있는 줄 알고 부딪힐 뿐이었다.

파브르는 낮에 날아다니는 제왕나방이나 졸참나무에 붙어 있는 톱날버들나방을 사용하여 실험을 계속했다.

어느 날, 망 안에 톱날버들나방의 암컷이 머물러 있던 작은 가지만을 남겨 놓고는, 그 암컷 나방을 입구가 넓은 유리병에 넣고 유리판으로 밀폐한 후 창문 가까이에 놓았다. 이러면 창문으로 들어온 수컷이 암컷을 발견할 수 있으리라고 생각했다. 그런데 수컷 나방은 창문으로 들어오자마자 바로 작은 가지가 들어 있는 망으로 날아가 버렸다.

파브르는 이 실험에서 '냄새'가 커뮤니케이션(정보 전달)의 수단이라는 사실을 확신했다. 이것이 페로몬의 발견이다. 그는 이것을 '알림의 발산물'이라고 이름지었다.

파브르의 페로몬 발견

수컷은 입구가 넓은 병 안에 있는 암컷이 아니라……   암컷이 있던 작은 가지로 날아들었다

09

일하지 않는 일개미

사실은 근면하지 않은 개미 자연 선택이란 환경에 최적인 생물이 살아남는 것을 말한다. 그러나 생물의 형질 속에는 최적화로 설명할 수 없는 점이 있다. 일하지 않는 개미가 많은 것도 그중 하나이다.

보통 개미라고 하면 사람들은 근면하게 일한다는 이미지를 갖고 있다. 그러나 실제로는 무리(콜로니)에 의미 있는 행동을 하는 개미는 별로 없다. 즉, 일하지 않는 개미가 많다는 것이다.

개미의 세계에 이렇게 게으름뱅이가 많은 이유는 무엇일까?

일개미의 60~70%는 일하지 않는다 홋카이도 대학교의 하세가와 에이스케 박사가 각각의 개미를 개체 식별하고 행동을 추적, 연구한 결과, 개미가 하루 종일 일하지 않는다는 사실이 밝혀졌다. 어떤 순간을 취해 보면 콜로니 안의 일개미 중 60~70%는 콜로니에 의미 있는 행동을 하지 않고 있었다. 더욱더 놀랍게도 전혀 일하지 않는 개미들도 있었다. 빗개미를 조사했더니 콜로니에서 일개미의 10~20%가 한 계절 내내 일하지 않고 있었다. 다른 종의 개미나 꿀벌도 평생 대부분을 일하지 않고 보내는 것이 있다. 따라서 '게으름뱅이'는 개미나 벌같은 사회성 곤충에서 일반적으로 볼 수 있는 것일 가능성이 높다. 그럼 원래 일하지 않는 개미는 왜 존재할까?

병이 들거나 나이가 들어서 일할 수 없기 때문이거나, 번식 일개미와 같이 콜로니에 필수적인 존재이거나, 또는 갑작스러운 환경 변동(긴급사태)에 대비하고 있기 때문이라는 등의 다양한 이유를 생각할 수 있다. 그러나 확실한 이유는 아직 모른다.

긴급 사태에 대한 대처 개미는 긴급사태에 대비하여 역할 분담을 하고 있다. 그러나 개미 한 마리 한 마리에게 여왕개미가 최적의 일을 지시하지는 않는다. 그럼 그 일은 어떻게 나눌까?

수확개미의 행동학 연구자 고든은 개미집 근처에서 다양한 교란(외적 변동)을 일으키고 그 교란에 대해 개미들이 어떻게 대처하는지 연구했다.

그는 ① 집 근처에 먹이(종자)를 많이 놔두는 실험과 ② 집 근처에 많은 이 쑤시개를 두고 집의 보수가 필요한 것처럼 교란을 일으키는 실험을 했다. 그 결과, ①에서는 정찰을 하거나 집을 보수하던 개미들이 풍부한 식량에 대응하여 식량 수집으로 일을 전환했다. ②에서는 많은 개미가 집을 보수했다.

개미가 이렇게 행동하는 것은 페로몬이라는 화학물질로 커뮤니케이션을 하기 때문이다. 개미들은 자신 가까이의 정보만으로 적응적인 행동을 한다.

🐟 이질적인 요소의 중요성   히로시마 대학교의 니시모리 히라쿠 교수의 연구는 일하지 않는 일개미의 수수께끼를 푸는 하나의 단서가 되었다. 그는 먹이 운반 행동을 재현하는 시뮬레이션을 실시하다 흥미로운 사실을 알게 되었다. 구성 요소(개미)의 비동일성이 집단의 작업 효율을 높인다는 사실을 발견한 것이다.

여기서 말하는 비동일성이란 똑똑한 리더가 아닌 '게으른' 개미라고 할 수 있는 이질적인 요소를 집단 안에 넣는 것이다. 똑똑한 개미만 있는 것도 효율적이지 않고, 콜로니 안에 다양한 개미가 존재하면 최적 경로를 빨리 탐색할 수 있어서 콜로니 전체의 적응도도 상승한다.

자연 선택에 따른 최적화는 생물의 완벽한 적응을 낳는다고 생각되었다. 그러나 변동 가능성이 있는 환경에서 자연 선택은 단순한 최적화를 일으키지 않는다. 변동하는 환경에서는 게으른 개미가 필요하다.

'게으른' 개미도 있어야 한다

집단으로서는 다양한 애들이 있는 것이 좋다고!

CHAPTER 05

서로 돕는
생물의 행동

01

서로 돕는 동물

🐟 **집단 선택의 근거가 된 이타 행동**   지금까지 '개체 선택'의 이점을 설명했다. 그러나 생물 진화 중에는 '집단 선택'이 아니면 매우 설명하기 어려운 사항이 있다. 이타 행동의 진화가 여기에 해당한다.

이타 행동이란 자신이 어느 정도 희생하더라도 다른 개체를 돕는 행위를 말한다. 바꾸어 말하면 동물은 서로 돕는다는 뜻이다.

예전에는 개체 선택이 아니라 집단 선택의 사고방식이 지배적이었는데, 가장 중요한 근거가 된 것이 이타 행동의 진화였다. 동물은 놀랄 정도로 이타 행동이 발달되어 있다. 집단 선택이라면 그 이유는 간단하게 설명할 수 있다. 왜냐하면 이타 행동은 종 전체(집단)에 이익이 되는 행위이기 때문이다.

그러나 개체 선택으로 이타 행동을 설명하기는 곤란하다. 자신의 이익을 위해 타인을 돕는다고 주장해야 하기 때문이다. 그러나 현재는 자신을 위해 타인을 돕고 그것이 결과적으로 모두를 위하는 것이 된다는 이유에서 개체 선택의 입장으로 이타 행동의 진화를 잘 설명할 수 있다.

🐟 **자신을 위해 타인을 돕는다**   그럼 이타 행동이 진화할 수 있는 이유는 무엇일까? 여기에 대답할 수 있는 두 가지 이론이 있다. 하나는 혈연 선택이고, 또 하나는 게임이론이다. 이 장에서는 혈연 선택 이론에 대해 설명하고 게임이론에 대해서는 다음 장에서 설명한다.

혈연 선택은 1964년 영국의 생물학자 W · D · 해밀턴이 주장하고 리처드 도킨스가 『이기적 유전자』로 소개하여 널리 알려졌다. 이것은 혈연관계라는 집단의 강한 이타 행동, 예를 들면 자식에게 위험이 닥치면 부모가 자신의 몸을 희생해서라도 자식을 지키려고 하는 행동을 설명한다. 이타 행동에 대해서는 다음과 같은 예가 유명하다.

- 초식동물이나 조류가 천적의 위험을 동료에게 알린다. 이때 자신의 위험을 알고 나서 경보 행동을 한다.
- 젊은 코끼리가 나이 든 코끼리나 아기 코끼리를 돕는다.
- 어미 사자가 없는 아기 사자에게 다른 암컷이 젖을 준다.
- 흡혈박쥐가 빨아들인 피를 다른 박쥐에게 준다. 즉, 식량을 서로 공유한다.
- 새끼 거미는 거미줄의 아래에서 두 번째에 있는 거미가 마지막 한 마리를 반드시 돕는다.
- 수컷 사마귀가 교미 후나 교미 중에 암컷에게 잡아먹힌다. 수컷은 암컷의 먹이가 된다.
- 아메바의 조산부 행동, 아메바가 분열할 때 잘 분열하지 못하는 경우가 있다. 이때, 화학물질을 방출하여 다른 아메바에게 도움을 요청한다. 그러면 가까이에 있던 다른 아메바가 다가와 잘 분열하지 못한 두 개체 사이에 자신의 몸을 삽입하여 분열을 완성시킨다. 어떤 종은 $\frac{1}{3}$이나 되는 숫자의 개체가 이 조산부의 도움을 받는다.

초식동물의 이타 행동

삐~익

천적의 위험을 동료에게 알리고 있군요.

자신의 위험을 알고 나서 경보 행동을 한답니다.

사회 제도 속에서 살아가는 개미와 벌

🐟 **일개미는 다른 개체를 위해 일한다** 개미는 지구 위에서 가장 개체 수가 많고 강한 적응력을 갖고 있다. 개미는 다른 곤충과 달리 사회제도라는 큰 특징이 있다.

일개미는 집짓기 공사를 하거나 먹이를 운반하거나 자기 새끼가 아닌 다른 개미를 키우며 자기 새끼를 낳지 않고 다른 개체를 위해 일한다(이타 행동). 또 수개미는 일개미보다도 머리가 단단하며, 집 안의 개미를 지키기 위해 목숨을 걸고 적과 싸운다. 수개미도 자기 새끼를 낳지 않는다.

🐟 **벌의 8자춤** 벌도 개미와 마찬가지로 사회제도를 갖고 있다. 특히 꿀벌의 먹이 운반 행동은 잘 알려져 있다.

꿀벌은 춤으로 꿀이 있는 곳까지의 거리와 방향을 동료들에게 알린다. 동료 꿀벌은 그 정보에 근거하여 새로운 식량이 있는 곳으로 향한다. 이것이

일개미의 역할 분담

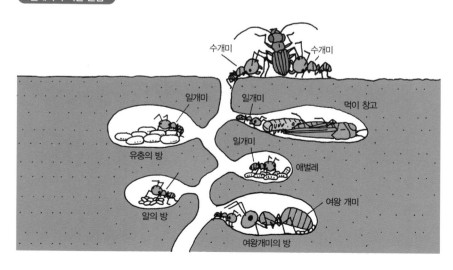

수개미 / 수개미 / 일개미 / 일개미 / 먹이 창고 / 유충의 방 / 일개미 / 애벌레 / 알의 방 / 여왕 개미 / 여왕개미의 방

'벌의 8자춤'이다.

이것은 태양의 위치와 8자의 각도로 먹이의 방향을 나타내는 것인데, 먹이가 가까이 있을 때는 8자춤이 아닌 '엉덩이 흔들기 춤'으로 알린다. 이 사실은 1960년대에 독일의 동물학자인 프리슈가 처음으로 밝혀냈다. 프리슈는 로렌츠, 틴베르헌과 함께 동물 행동학 연구로 노벨상을 수상했다.

🐝 **콜로니를 지키는 벌의 자살 행동** 하나의 콜로니는 한 마리의 여왕벌과 수천에서 수만 마리에 이르는 일벌로 이루어진다. 암컷은 유충일 때 생육 환경에 따라 여왕벌과 일벌로 나뉘며, 생육 환경이 가장 좋은 유충이 여왕벌이 된다.

일벌은 집 청소, 콜로니의 방어, 먹이 운반을 하며 모아 온 화밀을 벌꿀로 가공한다. 그리고 자기 자손은 남기지 않고 여왕벌이 낳은 자식을 돌본다. 이러한 일벌의 행동도 이타 행동이라고 할 수 있다.

일벌이 침을 쏘는 행동은 적을 물리치는 매우 효과적인 방어 수단이다. 그러나 침을 쏜 벌은 금방 죽는다. 벌은 이러한 자살 행동으로 콜로니를 지키는데, 이것도 이타 행동의 하나이다.

콜로니를 지키는 벌의 자살 행동

03 해밀턴의 혈연 선택 이론

🐟 **개미와 벌은 단수 – 배수제** 개미나 벌(사회성 곤충)의 이타 행동은 해밀턴의 혈연 선택 이론이 잘 설명하고 있다. 그는 개미나 벌이 가진 특수한 유전 구조(단수-배수제)에 주목했다.

일반적으로 인간을 포함한 많은 생물은 수컷이든 암컷이든 염색체가 쌍(배수체)인 '배수-배수제'이다. 그 한쪽이 정자나 난자가 되고, 그들이 합체(수정)하여 자식(배수체)이 생긴다. 자식은 수컷, 암컷 모두 배수체이다. 그러나 개미나 벌 등은 암컷의 염색체는 배수체이지만 수컷이 항상 단수체인 '단수-배수제'이다.

개미나 벌의 수컷이 태어날 때는 아빠가 꼭 필요하지 않다. 미수정란(난자)이 그대로 커진 것이 수컷이기 때문이다. 그러나 암컷이 태어날 때는 엄마 배수체의 한쪽이 난자에 들어가고 아빠 단수체의 전부가 정자로 들어가 그들이 수정한다. 암컷의 염색체는 배수체(쌍)이다.

개미와 벌의 유전 구조

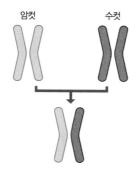

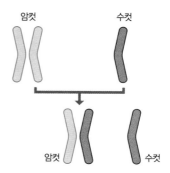

포 인 트 해설

많은 생물은 배수–배수제(왼쪽 그림)이지만 개미와 벌은 단수–배수제(오른쪽 그림)입니다. 개미와 벌의 암컷 염색체는 일반적인 생물과 동일하게 쌍(배수체)을 이루고 있지만 수컷의 염색체는 단수체이지요.

🐟 **자손을 남기기 위해서는 여동생을 키우는 것이 좋다** 혈연 선택 이론이란 혈연도가 높은 상대에게 이타 행동을 하는 것이다. 개미나 벌과 같은 단수-배수제일 때, 혈연도는 어떻게 될까? 혈연도란 유전자가 어느 정도 같은지를 나타내는 지표이다. 예를 들면 엄마와 딸 사이의 혈연도는 $\frac{1}{2}$ 이다. 왜냐하면 엄마 염색체의 절반이 딸의 염색체가 되기 때문이다.

그럼 자매의 혈연도는 어떻게 될까? 자매는 아빠에게 동일한 염색체를 받아 공유하고 있다. 그래서 자매간의 혈연도는 $\frac{3}{4}$ 이 되어 부모 자식 간의 $\frac{1}{2}$ 보다 높다. 그래서 해밀턴과 도킨스는 이 혈연도의 차이를 보고 "딸의 입장에서 보면 자신과 같은 유전자를 남기기 위해서는 자신의 아이를 낳는 것보다 여동생을 키우는 것이 유리하다."고 생각했다. 이것이 혈연 선택 이론이다. 적응도란 자신이 남긴 자손의 수이지만 그보다 더 중요한 것은 자신과 같은 유전자를 어느 정도 남기느냐 하는 것이다. 혈연 선택을 생각하면 적응도의 개념이 약간 달라진다. 혈연관계가 있는 개체에 대한 이타 행동은 자신의 적응도를 증가시킬 수 있다. 혈연 선택을 고려한 적응도를 '포괄 적응도'라고 한다.

🐟 **왜 혈연도는 $\frac{3}{4}$ 인가?** 개미와 벌의 유전은 단수-배수제이다(왼쪽 그림의 오른쪽)이므로 자매간의 혈연도는 $\frac{3}{4}$ 으로 높아진다.

두 자매 개미의 염색체를 비교해 보자. 오른쪽 그림과 같이 아빠에게 받은 염색체는 동일하다. 그러나 엄마에게 받은 염색체는 일치하는 경우와 일치하지 않는 경우가 있다. 만약 일치하는 경우, 자매간의 염색체는 100% 동일하다. 또 만약 일치하지 않는 경우는 50% 같아진다. 많은 염색체에 대해 평균을 내 보면 75% 같아진다. 혈연도란 많은 염색체에 대한 평균이기 때문에 자매간의 혈연도는 $\frac{3}{4}$ (75%)이 된다.

그럼 일반적인 생물(배수-배수제)의 경우, 형제(자매)간의 혈연도는 어떻게 될까? 이것도 마찬가지로 평균을 구하면 된다. 만약 부모가 같은 형제라면 형제간의 혈연도는 $\frac{1}{2}$ 이 된다.

04 부모 자식 사이에는 왜 다툼이 많은가?

🐟 **부모 자식 간의 다툼의 이론** 혈연 선택 이론을 응용한 예로서 트리버스 이론을 소개하겠다.

부모 자식이나 형제간에는 다툼이 많이 일어난다. 그 이유는 무엇일까?

이것은 트리버스의 '갈등의 이론'으로 잘 설명할 수 있다. 우선 부모 자식 간의 혈연도 r을 $\frac{1}{2}$이라고 하자. 각각 부모의 유전자 중 절반이 자식에게 전달되기 때문이다. 그리고 부모가 자식에게 이타 행동을 하여, 그에 따라 부모가 희생(c)을 감수하고 자식의 이득(b)이 늘어나는 경우를 생각하자.

부모의 입장에서 보면 자신의 적응도는 이타 행동에 의해 변하는데(포괄 적응도), 자신의 희생과 자식의 이득만큼 변하게 된다. 이 중 후자는 이득(b)을 그대로 가산하는 것이 아니라 혈연도의 비율만큼 빼서 생각해야 한다. 따라서 이 이타 행동으로 적응도는 −c+rb만큼 변하게 된다. 만약 이 값이 올바르다면, 이 이타 행동은 진화할 수 있다(그림 1). 따라서 부모의 입장에서 봤을 때, 이타 행동의 진화(성립) 조건은 c<rb이다.

그러나 자식의 입장에서 보면 이득이 b이고 희생이 rc이기 때문에 포괄

그림 1. 포괄 적응도에 따른 이타 행동의 진화

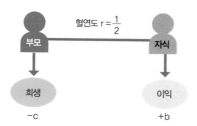

부모는 이타 행동(자식의 양육 등)을 위해 희생 c를 감수한다. 그에 따라 자식은 이득 b를 얻는다. 이 이타 행동에 따라 부모의 적응도는 −c+rb만큼 변한다.

도표 1. 부모 자식 간의 다툼의 이론

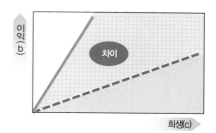

부모의 입장에서 봤을 때, 이타 행동의 진화 조건은 c<rb이며, 실선의 윗부분이다. 그러나 자식의 입장에서 보면 이타 행동의 성립 조건은 c<b/r 또는 rc<b이다. 이것은 점선의 윗부분이다. 따라서 부모 자식 간에 차이가 생기게 되는 것이다.

적응도는 b−rc가 된다. 이 값이 플러스 값으로 나올 때, 이 이타 행동은 당연하다고 평가할 수 있다. 따라서 자식의 입장에서 봤을 때, 이타 행동의 성립 조건은 rc<b이다.

[도표 1]은 부모의 입장일 때와 자식의 입장일 때의 이타 행동 성립 조건의 차이이다. 이 그림에서 알 수 있듯이 양쪽의 이타 행동의 성립 조건은 다르다. 자식은 부모에게 더 많은 희생을 기대하지만, 부모는 적은 희생을 한 것으로 충분하다고 생각한다. 양쪽 사이에 큰 차이가 생긴다. 이렇게 해서 부모 자식 간에는 타인보다도 쌓이는 감정이나 다툼이 많아지는 것이다.

🐟 **사랑싸움은 왜 일어날까?** 마찬가지로 연인 사이의 다툼도 설명할 수 있다. 한쪽이 구애하는 것(허락하는 것)과 다른 한쪽이 구애하는 것(허락하는 것) 사이에 차이가 생기면서 싸움이 된다.

예를 들면, 연인 관계에 있는 한쪽이 바람은 중대한 문제가 아니라고 생각하는 반면에 다른 한쪽은 결정적으로 중대하다고 생각할 수 있다.

또 연인이 헤어지게 되었을 때, 한쪽은 이별이 그다지 중대한 문제가 아니라고 생각하는데 다른 한쪽은 '절대로 헤어질 수 없다'고 생각할지도 모른다. 오랫동안 사귀어 온 동안에 상대방에 대한 강한 원망과 요구가 생기기 때문이다. 이렇게 연인 사이에 다툼이 많은 이유는 서로의 원망과 요구에 차이가 생기기 때문이다.

사랑싸움도 '갈등의 이론'으로 설명할 수 있다

벌거숭이뻐드렁니쥐의 이타 행동

🦴 **벌거숭이두더지쥐의 사회 구조**　보통 사회성 동물이라고 하면 개미나 벌과 같은 '단수-배수제'의 유전 양식을 연상한다. 그러나 실제로는 일반적인 유전 양식(배수-배수제)을 따르면서도 개미나 벌에 가까운 사회구조를 이루고 있는 생물이 있다. 포유류인 벌거숭이두더지쥐도 그중 하나이다. 벌거숭이뻐드렁니쥐과에 속하는 벌거숭이두더지쥐의 사회구조는 다른 포유류의 사회구조보다 벌이나 개미의 그것에 가깝다. 즉, 포유류에는 존재하지 않는다고 생각되는 '진(眞)사회성'이라는 사회구조를 갖고 있는데, 그 특징은 번식하지 않는 '불임'의 계층이 존재한다는 것이다.

🦴 **벌거숭이두더지쥐의 번식**　벌거숭이두더지쥐는 거대한 콜로니를 형성하며, 일반적으로 75~80개체로 구성된다. 벌거숭이두더지쥐의 번식은 여왕과 번식 수컷을 통해 한 해에 4~5번 정도 이루어진다. 여왕이 죽으면 벌이나 개미처럼 몸이 가장 큰 암컷이 여왕이 된다. 이런저런 잡일은 수컷과 암컷 양쪽이 다 한다. 그러나 모든 개체가 똑같이 하는 것은 아니다. 번식 개체의 역할은 새끼를 출산, 양육하고 그 몸을 청결하게 지키는 것이다. 반면, 비번식 개체는 비교적 어린 개체를 청결하게 보살피며 운반과 터널의 유지보수, 그리고 방어를 맡는다. 또 일의 내용은 몸의 크기에 따라 다르다. 몸이 큰 비번식 개체는 주로 콜로니의 방어를 담당한다.

🦴 **혈연도가 높은 이유**　런던 동물협회의 폴크스는 진사회성이 되는 이유를 연구하고 그 원인을 혈연 선택을 통해 설명했다. 벌거숭이두더지쥐의 경우, 번식이 근친 사이에서 이루어지기 때문에 각 개체들은 혈연도가 높은 형제·자매 관계를 나타낸다. 폴크스의 연구에 따르면, 콜로니의 개체 간의 혈연도는 평균 0.81에 달한다고 한다. 이 수치는 매우 높은 것이다(야외의

야생 집단에서는 약 0.5이다). 실제로 벌거숭이두더지쥐의 교배는 85%가 근친혼이라고 추정된다.

혈연도가 높아지는 원인은 부모가 같으며 젊은 개체가 콜로니 안에 머무르기 때문이다. 같은 포유류 사이에서도 사자나 원숭이 등은 젊은 개체가 무리에서 떨어져 나와 흩어진다. 그러나 벌거숭이두더지쥐는 흩어져 나가지 않는다. 그 이유는 벌거숭이두더지쥐의 대부분이 뱀 같은 천적의 포식으로 사망하기 때문이다. 이러한 이유로 분산과 독립된 번식이 거의 불가능하다. 그러므로 혈연도가 매우 높아져서 진사회성의 시스템이 진화했다고 결론지을 수 있다.

🐟 게으름뱅이들의 놀라운 행동　벌거숭이뻐드렁니쥣과에는 다마라랜드두더지쥐라는 종도 있다. 이 종에는 비번식 개체에 두 유형이 있는데, 일을 잘하는 쥐와 일을 거의 하지 않는 쥐가 있다. 일하지 않는 쪽에는 어떤 의미가 있을까?

최근에 게으름을 피운다고 생각되는 일하지 않는 쥐의 중요성이 발견되었다. 다마라랜드두더지쥐에게는 땅을 파서 이동하는 것이 중요한 일이다. 일반적으로 비가 온 후에 땅이 부드러워졌을 때 이동하는데, 이때 게으름뱅이들의 대사량이 급격하게 증가한다. 그들은 비가 온 후, 필사적으로 터널을 판다. 게으름뱅이들은 강우에 대비하기 위해 쉬는 것이다.

벌거숭이두더지쥐의 사회

벌거숭이뻐드렁니쥐의 사회구조는
'진사회성'으로, 계급제도가 있다

CHAPTER 06

생물의 싸움을 설명하는
게임이론과 이타 행동

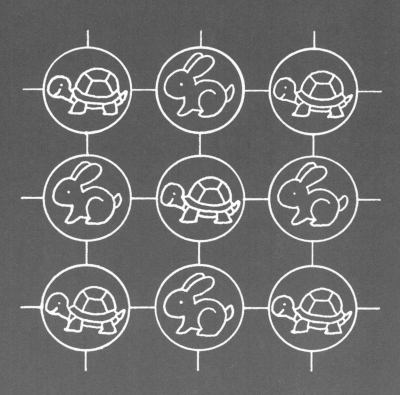

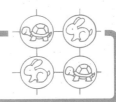

의례적인 생물의 싸움

🐟 **원숭이나 개는 정말 싸울까?** 원숭이와 원숭이, 개와 개처럼 동종 생물의 싸움은 별로 심하지 않은 경우가 많다. 수컷끼리는 암컷을 차지하기 위해 싸우지만, 죽일 듯이 덤벼드는 싸움은 매우 예외적인 경우일 뿐이다.

보통 이러한 싸움을 '의례적인 싸움'이라고 한다. 싸움은 진짜가 아니라 의례적이다. 그럼 왜 서로 죽이려는 싸움은 일어나지 않는 것일까?

예전에는 동종 생물이 서로 죽이는 것은 그 종(집단) 전체의 이익이 되지 않기 때문이라는, 집단 선택을 근거로 한 답이 통설이었다. 그러나 현재는 개체 선택(개체의 이득, 적응도)의 사고가 통설이 되었다.

동물의 본능에서 생각하면, 우수한 자손을 남기기 위해 다른 수컷과 필사적으로 싸우고 더 우수한 암컷을 차지해야 할 것이다. 자신의 이익이 생기면 다른 개체는 알 바 아니라는 이기적인 생각이 있을 수도 있다.

그러나 그렇게 처절하게 싸우는 전략은 최적 전략이 아니다. 그럼 어떤 전략이 최적일까? 이 물음에 답하기 위해 도입된 것이 매-비둘기 게임이다.

🐟 **의례적인 싸움의 구체적인 예** 의례적인 싸움으로는 다음과 같은 예가 알려져 있다.

- 개 : 개는 겁이 많아서 죽을 듯이 싸우는 경우는 의외로 적다. 힘 관계에 따라 순위를 형성하며, 대부분의 경우 순위가 정해져 있기 때문에 심각한 문제를 피할 수가 있다.
- 원숭이 : 원숭이도 순위를 형성하는 일이 많다. 대장은 싸움을 잘하기 때문에 대장이 나서면 다른 원숭이는 싸움을 중지한다.
- 수탉 : 순위는 '모이를 쪼아 먹는 순위(Pecking Order)'라고 한다.
- 은어 : 영역의 소유자가 이기는 경우가 많다. '은어 잡기'는 수컷이 자신의 영역에 침입한 다른 수컷을 공격하는 성질을 이용한다. 영역도 심각한 싸움을 피하

기 위해 필요하다.

- 개구리 : 목소리가 낮은 것이 이기기 때문에 개구리는 가능한 한 낮은 목소리로 울려고 한다.
- 초등학생 : 싸울 때 서로 상대의 학년을 물어본다. 학년이 낮은 쪽이 물러난다.
- 대눈파리 : 이 파리는 눈과 눈의 간격이 넓은 쪽이 이긴다. 수컷끼리는 얼굴을 맞대고 서로 눈이 떨어진 정도를 잰다. 그렇게 마주 본 후에 패자(패자라고 생각한 쪽)가 가만히 물러난다.
- 흰동가리 : 두 마리의 수컷이 싸워서 강한 쪽이 암컷이 된다. 한쪽이 실룩실룩 경련하는 행동을 보이면서 항복의 표시를 하면 더는 공격하지 않는다.

이와 같이 순위제, 영역, 항복의 표시 등, 생물은 의례적인 싸움을 위해 다양한 행동을 진화시켜 왔다. 매-비둘기 게임은 이들 제도가 출현한 이유와 깊은 관계가 있다.

실제로 야외가 아니라 집과 같은 좁은 공간에서 생물을 기를 때는 예외적으로 서로 죽이는 격렬한 싸움이 자주 일어나기도 한다.

대눈파리의 싸움

내가 이겼어!

대눈파리의 수컷은 길게 늘어난 눈 끝에 눈알이 붙어 있다. 비교해 보고 눈과 눈의 간격이 넓은 쪽이 싸움의 승자가 된다

02

매-비둘기 게임

🐟 **암컷 획득은 보물 쟁탈 게임** 메이너드 스미스(1982)는 수컷에게 암컷은 보물이라는 점에서 암컷을 쟁탈하는 것을 '보물 쟁탈 게임'으로 생각했다.

그는 보물은 가치 V를 갖고 있다고 가정했다. 또 수컷끼리 보물을 둘러싸고 싸울 때는 다칠 수 있기 때문에 그와 같은 손실을 C라고 했다. 그리고 각 개체가 취하는 수단으로 매파(Hawk)와 비둘기파(Dove)의 전략 중 하나를 선택했다.

매파 전략은 뭐든지 전력을 다해서 보물을 얻으려는 전략이다. 설령 자신이 다쳐도 보물을 얻으려고 한다. 반면, 비둘기파는 평화적으로 싸우는 동작을 취하지만 상대가 진심으로 싸우려고 하면 도망간다. 나쁘게 말하면 소극적인 전략을 쓰는 것이다. 즉, 비둘기파는 상대가 매파라면 즉시 피한다.

비둘기와 매가 대전하면 이득은 아래 표와 같이 얻어진다. 매파끼리 만나면 승자는 V라는 이익을 얻고 패자는 C라는 손실을 입으며, 승률 반반으로 매파 한 개체 당 이득의 평균값은 $\frac{(V-C)}{2}$ 가 된다. 또 만약 매파가 비둘기파와 만나면, 비둘기파는 싸우지 않고 도망간다. 따라서 매파는 V라는 이익을 얻지만 비둘기파의 이익은 0이 된다. 비둘기파끼리라면 승률은 반반이기 때문에 이득은 $\frac{2}{V}$ 가 된다. 비둘기파는 자신이 다치는 것을 피하기 때문이다.

매-비둘기 게임의 이득

		상대	
		매파(H)	비둘기파(D)
자신	매파(H)	$\frac{(V-C)}{2}$	V
	비둘기파(D)	0	$\frac{V}{2}$

🐟 **손실이 작을 때(V>C)의 최적 전략**   이 게임의 최적 전략은 보물의 이익 (V)과 다치는 손실(C)의 대소 관계에 따라서 결과가 완전히 달라진다.

처음에 간단한 예로 V>C일 때를 생각해 보자. 즉, 다치는 손실이 작을 때이다. 이 경우는 매파 전략이 최적 전략이 된다. 그 이유는 앞의 표에서 금방 알 수 있다. 이 표에 따르면 ① 상대가 매라면 자신도 매인 편이 이득이다. ② 상대가 비둘기일 때도 매가 이득이 된다는 것을 알 수 있다. 결국, 매파 전략이 언제나 최적 전략이 된다.

또 양쪽이 매일 때는 내쉬 균형이 된다. 이것은 노벨상 수상자인 수학자 존 내쉬의 이름을 붙인 최적 전략으로, 게임이론에서 기본적인 개념이다. 내쉬 균형이란 어떤 개체도 자신의 전략을 바꾸면 더 많은 이득을 얻을 수 없는 전략을 내세운 상태라고 할 수 있다. 간단히 말하면 전략을 바꾸면 손해를 본다는 뜻이다.

이 점에서 전원이 매가 되면 격렬한 싸움이 일어난다고 생각할 수 있다. 그러나 실제로는 그렇지 않다. 왜냐하면 지금의 경우, V>C이기 때문에 다치는 손실이 작고 치명적인 손상이 되지 않기 때문이다.

🐟 **내쉬 균형이란?**   내쉬 균형이란 수학자 존 내쉬가 확립한 경제 이론이다. 그는 영화 〈뷰티풀 마인드〉의 주인공으로서도 유명하다.

그의 이론은 19세기 아담 스미스의 '수요·공급 균형'을 뒤엎는 것이었다. 기존의 '수요·공급 균형'에서는 사람들의 수요가 바뀌거나 상품의 공급량이 바뀌지 않는 한 가격이 바뀌지 않았다. 그런데 갑자기 시장에 싸게 파는 가게가 생겼다면 어떻게 될까?

당연히 사람들은 그 가게로 몰린다. 그것을 보고 다른 가게도 가격을 낮추게 된다. 그 결과, 가격은 전보다 훨씬 싼 가격으로 균형을 이루게 되는데 이것이 '내쉬 균형'이다.

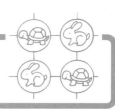

03

ESS 전략

🐟 **손실이 클 때(V＜C)의 최적 전략** 다음으로 다치는 손실이 클 때를 생각해 보자. 아래 표에서 (V−C)가 된다.

이 표에서는 ① 상대가 매라면 자신은 비둘기인 편이 이득이 된다. 즉, 이 득이 0인 쪽이 마이너스보다 득이 된다. ② 그러나 상대가 비둘기일 때는 매 가 이득이 될 수 있다. 따라서 이 경우에 최적 전략은 비둘기파 전략도 매파 전략도 아니게 된다.

매−비둘기 게임의 이득

		상대	
		매파(H)	비둘기파(D)
자신	매파(H)	$\dfrac{(V-C)}{2}$	V
	비둘기파(D)	0	$\dfrac{V}{2}$

그럼 어떤 전략이 최적일까? 과연 최적 전략은 존재할까?

이 수수께끼에 답한 사람이 메이너드 스미스였다. 그는 개체와 개체의 대 전이 아니라 개체군과 개체군 사이의 게임을 도입했다. 개체군이란 많은 개 체로 구성된 집단이다.

매−비둘기 게임의 최대 성과는 ESS 이론이다. ESS란 'Evolutionarily Stable Strategy'의 약자로, 진화에 안정적인 전략이라는 뜻이다. 최적화라 고 하면 많은 진화학자들은 ESS 이론을 연상한다. 그 정도로 ESS는 진화 이 론에서 중요하다.

ESS 전략은 어떠한 침입형 집단에게도 침입을 허락하지 않는 야생형 전 략이다. 만약 다른 전략에 의해 침입당하면 그 야생형은 ESS라고 하지 않 는다.

ESS는 개체군과 개체군 사이에 이기고 지는 게임으로 도입되었다. 아래 그림과 같이 어떤 다수의 개체로 이루어진 개체군을 생각하여 이것을 '야생형'이라고 하자. 그리고 그 집단에 다른 형질(전략)을 가진 소수의 개체군이 침입해 온 경우를 예상한다. 이 침입형이 돌연변이형인 경우에도 마찬가지이다. 돌연변이로 야생형과 다른 집단이 생긴다고 할 때도 같은 설정이 되기 때문이다. 개체군 간의 승부는 개체군을 구성하는 개체끼리의 대전으로 정해진다.

침입형은 야생형보다 훨씬 소수인 집단이다. 이 가정(선형 근사)은 계산을 간단히 하는 데 중요하다.

ESS 전략

야생형(다수파)

침입형(소수파)

다수파의 야생형과 소수파의 침입형이 대전하면 어떻게 되나요?

ESS 전략은 어떤 침입형 집단에 대해서도 침입을 허락하지 않는 야생형의 전략이랍니다.

04 매-비둘기 게임의 ESS 전략 (1)

🐟 비둘기파의 전략도 매파의 전략도 ESS 전략이 될 수 없다 여기서는 매-비둘기 게임에서의 ESS 전략을 구해 보자. 손실이 클 때($V < C$)만 생각한다. 이 득 표에서 최적 전략은 매파 전략도 비둘기파 전략도 아니기 때문이다.

그럼 어떤 전략이 최적일까? 여기에서 다음과 같은 정리가 성립된다.

정리 1. 매파만으로 구성되는 개체군의 전략은 ESS 전략이 아니다(그림 1).

그럼 이것을 증명해 보도록 하겠다.

매파가 야생형일 때, 극히 소수의 비둘기파(침입형)에게 침략당하는 경우이다. 우선 〔그림 1〕과 같은 설정에서 매파가 대다수임에 주의한다.

매파의 이득은 대전 상대가 대부분 매이기 때문에 $\dfrac{(V-C)}{2}$가 된다. 이 값은 음수이다. 그러나 침입형(비둘기파)의 이득은 대전 상대가 대부분 매이기 때문에 0이 된다.

따라서 침입형의 이득이 커져 침입형이 점점 침략할 수 있게 된다($V < C$). 비둘기는 다치는 일이 없기 때문에 매에 비해 유리하다.

그림 1. 매파만으로 구성되는 개체군

매파(야생형)

비둘기파(침입형)

매파만으로 구성되는 개체군의 전략은 ESS 전략이 아닙니다 (정리 1). 왜냐하면 비둘기 집단이 침입하게 되기 때문이지요.

매파 전략이 ESS가 아닌 것은 생태학적으로 큰 의미를 가진다. 즉, 심한 싸움 없이 의례적인 싸움이 진화한다는 뜻이다.

🐟 비둘기파만으로 구성되는 개체군의 전략은 ESS 전략이 아니다 마찬가지로 이것도 증명할 수 있다. 이번에는 비둘기파가 야생형(대다수)이다.

정리 2. 비둘기파만으로 구성되는 개체군의 전략은 ESS 전략이 아니다(그림 2).

여기서는 침입형이 매파만으로 이루어진 집단이라고 생각한다. 침입형 (매파)의 이득은 대전 상대가 대부분 비둘기이기 때문에 V가 된다. 그러나 야생형(비둘기파)의 이득은 대전 상대도 대부분 비둘기이기 때문에 $\frac{V}{2}$가 된다. 따라서 침입형의 이득이 높아지게 된다. 결국 손실이 클 때(V<C), 이득 표에서 최적의 개체군은 매도 비둘기도 아닌 것이 된다.

위의 정리 1과 2를 증명할 때, 선형 근사를 사용했다. 선형 근사란 야생형 의 개체 수가 침입형보다도 압도적으로 많다는 가정이다.

그림 2. 비둘기파만으로 구성되는 개체군

비둘기파(야생형)

매파(침입형)

비둘기파만으로 된 야생형의 전략도 ESS는 아닙니다 (정리 2).

05 매-비둘기 게임의 ESS 전략 (2)

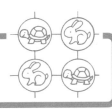

하나의 개체군만 생각한다 앞에서 비둘기파 및 매파만으로 구성되는 개체군의 전략은 ESS가 아니라는 점을 설명했다.

그럼 어떤 집단일 때 ESS가 될까? 이 질문에 답하기 위해 하나의 개체군만 생각한다. 그 집단에서 매의 비율을 P라고 하자. 집단 안에서는 각 개체가 임의로 다른 개체와 여러 번 대전한다. 평균적으로 봐서 한 개체 당 매의 이득 $W(H)$와 비둘기의 이득 $W(D)$를 계산하자. 우선 매파의 이득 $W(H)$를 구한다. 매는 확률 P로 매와 대전하고 확률 $(1-P)$로 비둘기와 대전한다. 따라서 한 게임 당 매파의 이득은

$$W(H)= \frac{P(V-C)}{2} + \frac{(1-P)}{V} \cdots\cdots ①$$

가 된다. 오른쪽 변 제1항은 매와 대전했을 때이며, 제2항은 비둘기와 대전했을 때의 이득이다. 마찬가지로 비둘기의 이득은

$$W(D)= \frac{(1-P)V}{2} \cdots\cdots ②$$

가 된다. 비둘기는 매와 대전했을 때 이득이 0이기 때문에 비둘기와 대전할 때만을 생각하면 된다. 그리고 ①식과 ②식에서 $W(H)=W(D)$일 때, 즉 양쪽의 이득이 같게 될 때의 P값을 구하면

$$P_{ESS}= \frac{V}{C}$$

가 된다. 오른쪽 그림에서는 매의 이득과 비둘기의 이득의 교점이다. 또 다음 정리에서 P_{ESS}가 ESS가 된다.

정리 3. 개체군에서 매파의 비율이 $P_{ESS}= \frac{V}{C}$일 때 ESS가 된다.

이것을 증명해 보자.

여기서는 야생형 매의 비율이 $P_{ESS} = \frac{V}{C}$일 때를 생각한다. 야생형 안에 그 어떤 비율 P의 침입형이 침입하더라도 야생형이 승리한다는 것을 나타낼 수 있다. 이 증명은 수학적으로 계산하면 어렵지만 아래 도표와 같이 생각하면 간단하게 증명할 수 있다.

가령 ESS의 야생형 안에 P_{ESS}보다 매의 비율이 낮은 침입형이 들어왔을 때를 예상해 보자. 그러면 집단 전체(야생형과 침입형)의 매의 비율(P)은 P_{ESS}보다도 조금 낮아진다. 이때, 아래 도표에서 매의 이득이 비둘기에 비해 커진다. 야생형은 침입형보다 매의 비율이 높기 때문에 야생형의 이득의 합계가 침입형보다 커진다(야생형이 이긴다).

만약 반대로 P_{ESS}보다 매의 비율이 높은 침입형이 들어왔을 때도 마찬가지로 하여 아래 도표에서 야생형이 이긴다는 것을 증명할 수 있다.

이렇게 해서 매의 비율이 P_{ESS}인 개체군은 다른 비율의 개체군이 침입하는 것을 저지할 수 있다. 매의 비율이 P_{ESS}가 될 때가 최적인 것이다.

🐟 **혼합 전략**　매나 비둘기만의 순수 전략은 최적이 될 수 없다. 그래서 ESS 전략을 도입하여 개체군과 개체군의 대전을 생각해 왔다. 이것은 '개체군과 개체군의 대전'을 변경하여 '개체와 개체의 대전'으로 다시 정의해도 상관 없다.

그때 파라미터 P는 매의 비율이 아니라 개체가 매의 전략을 취할 확률로 한다. 이렇게 개체의 전략이 순수하지 않은 전략을 혼합 전략이라고 한다. 혼합 전략을 바탕으로 한 ESS는 매 전략을 취할 확률을 P_{ESS}로 하는 개체이다.

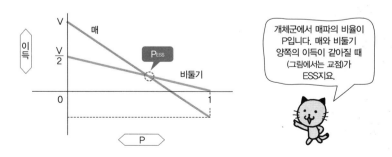

1개체 당 매와 비둘기의 이득

개체군에서 매파의 비율이 P입니다. 매와 비둘기 양쪽의 이득이 같아질 때 (그림에서는 교점가 ESS지요.

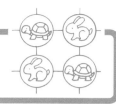

06 눈 더미 게임

🐟 **이타 행동이 진화할 수 있는 구체적인 예**   여기서는 이타 행동(선행)이 진화할 수 있는 게임의 예를 소개한다. 이타 행동이라고 하면 뒤에 언급할 죄인의 딜레마 게임(Prisoner's Dilemma)을 연상하는 사람이 많은데, 죄인의 딜레마 게임에는 ESS 전략이 없기 때문에 여기서는 눈 더미 게임을 생각하도록 하겠다. 이 게임에는 ESS 전략이 있다.

지금 눈이 많이 쌓이고 길이 막혀 버려서 두 명이 그곳을 지나갈 수 없게 되었다. 이때, 각자가 취할 수 있는 행동은 협력자가 될 것인지 아니면 비협력자가 될 것인지 둘 중의 하나이다.

전자는 눈을 치우는 작업을 하는 것이며, 후자는 상대에게만 작업을 시키고 자신은 하지 않는 것이다. 눈을 다 치우면 두 명 모두 지나갈 수 있게 되고 똑같이 이익을 얻을 수 있다. 이때 자신과 상대의 행동에 따라 이득이 다르다(아래 표).

눈더미 게임의 이득 표

		상대	
		협력	비협력
자신	협력	$\dfrac{b-c}{2}$	$b-c$
	비협력	b	0

b: 통행할 수 있는 이득
c: 눈 치우는 노력
조건(b>c)이 성립

① 자신도 상대도 협력자일 때 : 지나갈 수 있다는 이득(benefit : b)을 얻는다. 그러나 서로 눈 치우는 노력(cost : c)도 필요하며, 그것은 두 명이 협력하기 때문에 절반으로 $-\dfrac{c}{2}$가 된다. 즉, 합계 $\dfrac{b-c}{2}$의 이득이 된다.

② 자신이 협력자이고 상대가 비협력자일 때 : 자신의 이득은 b−c가 된다. 길을 지나가려면 자기 혼자 눈을 치워야 하기 때문이다. 이 경우, 상대(비협력자)의

이득은 눈을 치우지 않아도 지나갈 수 있게 되기 때문에 b가 된다.

③ 자신도 상대도 비협력자일 때, 눈을 치우지 않고 지나갈 수도 없기 때문에 이득
은 0이 된다.

게임의 결과 표에서 ① 상대가 협력하면 자신은 비협력적인 편이 이득이
된다. ② 그러나 상대가 비협력적이면 자신은 협력적인 편이 이득이 된다.
이 결과는 매-비둘기 게임과 똑같다. 따라서 ESS를 구할 수 있다.

협력과 비협력의 사람들이 많이 있는 집단을 생각했을 때, 어떤 집단이
최적일까?

어느 하나의 집단을 가정하고 그중에서 협력자의 비율을 Q라고 하자. 물
론 비협력자의 비율은 (1−Q)이다. 매-비둘기 게임과 마찬가지로 계산할
수 있다. 즉, 한 게임 당 협력자와 비협력자의 이득을 같다고 놓는다. 이 등
식에서 결국, ESS일 때의 협력자의 비율은

$$Q_{ESS} = \frac{2(b-c)}{2-bc}$$

로 구할 수 있다. 바꾸어 말하면 ESS 집단은 협력자의 비율이 0은 아니다.

눈더미 게임은 일반적으로 협력 · 비협력의 게임으로 확장할 수 있다. 예
를 들어 일을 돕거나(협력) 돕지 않는(비협력) 게임이다. 이 눈더미 게임이
진화생태학에 부여하는 의미는 크다. 즉, 매-비둘기 게임과 같은 게임으로
이타 행동의 진화를 설명할 수 있기 때문이다. 협력자란 어떤 의미에서는
이타 행동을 하는 사람이다. 그리고 위의 비율이 되었을 때가 최적이 된다.
지금까지 눈을 치우는 노력이 작은 조건(b>c)을 가정했는데, 반대로 노력
이 클 때는 죄인의 딜레마 게임이 된다.

죄인의 딜레마 게임에서는 일반적으로 ESS는 존재하지 않는다. 이렇게
눈더미 게임은 조건에 따라 매-비둘기 게임이 되거나 죄인의 딜레마 게임
이 된다.

07

죄인의 딜레마 게임 (1)

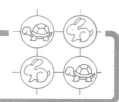

🐟 **송이버섯은 전부 따는 것이 이득인가?**　1950년, 랜드 연구소(미국)에서 죄인의 딜레마 게임을 고안했다. 예를 들어 어떤 산에서 송이버섯이 큰 수입원이 된다고 하자. 그러나 송이버섯을 너무 많이 따면 남는 것이 없기 때문에 협정에 따라 딸 수 있는 개수가 제한되어 있다. 그 산의 소유자는 두 명으로, 각 소유자에게는 협력(cooperation)이나 배신(defection)이라는 두 가지 선택 가능성이 있다. 협력은 협정을 지키는 것이지만, 배신을 하면 협정을 지키지 않고 송이버섯을 많이 딸 수 있다.

죄인의 딜레마 게임의 이득 표

		상대	
		협력	배신
자신	협력	3점	0점
	배신	5점	1점

득점은 자신의 이득을 나타낸다

　이 관계의 이득 표는 아래와 같이 나타낼 수 있다. 자신이 협력하고 상대가 배신할 때를 기준점·최저점(0점)으로 한다. 배신자가 송이버섯을 전부 따 가기 때문이다. 자신이 배신하고 상대방이 협력할 때는 가장 고득점(5점)이 된다. 양쪽이 협력할 때는 서로 3점으로 상당한 이득을 얻을 수 있다(매년 두 명 모두 상당수의 송이버섯을 딸 수 있다). 그러나 양쪽이 배신할 때는 서로 1점으로 거의 이익이 없다(송이버섯을 딸 수 없게 되기 때문에 평균 이득이 내려간다).

🐟 **자백하거나 묵비하거나**　원래 죄인의 딜레마 게임이란 공범이라고 생각되는 두 명의 피의자(죄인)가 취조를 받는 이야기이다. 각 죄인에게는 자백(배

신)과 묵비(협력)의 두 가지 선택 가능성이 있다. 자백은 상대에 대한 배신행위이다. 완전하게 격리되어 있는 두 죄인에게 아래와 같은 사법 거래의 조건이 주어졌다.

① 한 명이 자백하고 다른 한 명이 계속 묵비한 경우 : 자백한 사람은 징역 1년이고 다른 한 명은 징역 15년

② 양쪽이 자백한 경우 : 양쪽 모두 징역 10년

③ 양쪽 모두 계속 묵비한 경우 : 진상을 모르기 때문에 다른 죄가 되고 증거 불충분으로 두 명 모두 징역 2년

이 게임에서 죄인은 어느 쪽을 선택하는 것이 좋을까? 답은 간단하다. 상대가 선택하는 방법에 상관없이 자백을 선택하는 것이 죄인에게 이득이 크다. 결국 송이버섯 산의 이득 표와 같은 이치이다.

🐟 **두 번 다시 만나지 않기 때문에 배신당한다** 한 번뿐인 죄인의 딜레마 게임에서는 최적의 답(내쉬 균형)이 확실하다.

왼쪽의 표에서 상대가 협력할 때, 자신은 배신하는 것이 이득이 된다. 또 상대가 배신할 때도 자신이 배신하는 것이 이득이 된다. 즉, 언제라도 배신이 이득이 된다.

이렇게 상대방을 배신하는 것이 이득이 되는 것은 한 번밖에 만나지 않는다는 사실을 알 수 있을 때이다. 만약 또 만나는 상대라면 나중에 만났을 때의 영향도 생각해야 하므로 최적의 답은 달라진다.

🐟 **운전자는 왜 냉혹한가?** 한 번뿐인 죄인의 딜레마 게임에서는 배신 전략이 최적이 된다. 즉, 한 번밖에 만나지 않는 상대에게는 배신 행동이 유리하다.

이것은 운전자의 행동에서도 잘 알 수 있다. 많은 운전자가 다른 운전자에게 냉혹하게 대하는 경우가 있는데 그것은 한 번밖에 만나지 않는 상대이기 때문이다.

08

죄인의 딜레마 게임 (2)

🐟 **반복 죄인의 딜레마 게임**　죄인의 딜레마 게임은 특별한 일이 없는 한 반복 게임이다. 반복 게임에는 무한히 많은 전략이 등장한다. 전형적인 전략으로 아래와 같은 예가 있다.

- 악인 전략 또는 배신 전략(All D) : 항상 배신(D)이라는 방법을 제시한다.
- 선인 전략 또는 황금률 전략(All C, Golden rule) : 항상 협조(C)한다.
- 보복 전략(TFT: Tit-For-Tat) : 처음에는 협조(C)이고 다음부터 지난번 상대의 방법을 제시한다.

이들 전략을 5회만 반복하여 실제로 대전시켜 보자. 송이버섯 산과 같은 이득 표(표준 이득 표)를 사용하여 이익을 계산한다. 악인 전략과 선인 전략일 때, 전자는 25점, 후자는 0점이 된다. 선인 전략과 보복 전략일 때, 양쪽 모두 15점이 된다. 이들 대전 결과는 간단하다.

그럼 악인 전략과 보복 전략을 대전시키면 어떻게 될까? 결과는 다음과 같다.

환경 변동의 적응도

악인 전략	D	D	D	D	D	(9점)
보복 전략	C	D	D	D	D	(4점)

악인 전략은 5회 모두 배신(D)으로 9점이다. 그러나 보복 전략은 4점이다. 결국, 앞의 세 가지 전략만으로 리그전을 실시하면 승자는 악인 전략을 쓴 쪽이 된다.

전략은 어떤 조건을 바탕으로 하여 각각 최적 전략이 된다. 앞에서도 말했지만 1회 게임에서는 배신(D)이 이득이 된다. 즉, 두 번 다시 만나지 않는 상대에게는 배신 전략이 유리하다.

그러나 반복 게임일 때는 배신 전략에 결정적인 단점이 있어서 높은 이득을 얻을 수 없다. 한번 상대를 배신하면 상대도 가만히 있지 않을 것이다. 상대도 다음에 배신할 가능성이 높아지고 서로 배신하는 악순환에 빠진다. 배신 전략과 배신 전략의 대전이 일어나면 최저 이득이 되기 때문에 배신 전략은 집단에서 존재할 수 없다.

🐟 훌륭한 전략이란?

액설로드(R. Axelrod)는 프로그램을 모집하여 리그전을 실시하는 컴퓨터 게임 대회를 2회 개최했다. 이때 모인 프로그램은 다음과 같다.

- 인내 전략 : 메이너드 스미스가 제안했다. 1회와 2회는 협조(C)하고 그 후에도 C이지만 상대가 2회 연속으로 배신하면 배신(D)한다.
- 프리드먼(Friedman) 전략 : 상대가 배신할 때까지는 C를 계속 제시한다. 상대가 배신하면 마지막까지 D를 계속한다.
- 데이비스(Davis) 전략 : 처음 5회는 협조한다. 그중 1회라도 상대가 배신하면 마지막까지 D를 계속한다.
- 조스(Joss) 전략 : 상대가 배신하면 다음에는 배신한다. 협조할 때는 90%의 확률로 협조한다.
- 랜덤(Random) 전략 : 50%의 확률로 랜덤으로 협조하거나 배신한다.

이상의 다섯 가지 프로그램(전략) 중에서 위에서 세 번째까지는 '훌륭한(NICE) 전략'이라고 한다. 훌륭한 전략이란 자신이 결코 먼저 배신하지 않는 전략을 말한다.

🐟 컴퓨터 게임 대회의 결과

대회의 결과, 대회 2회 모두 우승한 것은 보복 전략(TFT)이었다. TFT 전략이란 처음에는 협조(C)이고 다음부터 이전 상대의 방법을 제시하는 전략을 말한다. 또 상위를 차지한 전략은 모두 '훌륭한 전략'이었다. 서로 배신한 전략보다 서로 협력한 전략이 고득점을 얻는다. 물론 보복 전략도 '훌륭한 전략'에 해당한다.

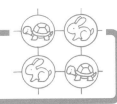

09 보복 전략이 강한 이유

🐟 **가장 뛰어난 전략인 TFT전략** 컴퓨터 게임 대회의 결과는 다양한 분야에 큰 영향을 주었다. TFT 전략이나 훌륭한 전략의 성공은 생물 진화나 인간 사회의 다양한 문제를 생각할 때 깊은 의미가 있다.

우선 생물 진화에서는 협력 관계의 진화 또는 이타 행동의 진화를 설명한다. 협조(C)는 상대가 했으면 하는 방법이다. 조금도 방심할 수 없는 사람들이 가득한 세상이라도 자신은 절대로 배신하지 않는다는 행위는 중요하다. 특히 TFT는 많은 프로그램 중에서 가장 뛰어난 전략으로 크게 평가되었다.

🐟 **보복 전략의 장점** 액셀로드는 보복이 성공한 이유를 다음과 같이 정리했다.

① 협조성 : 자신은 결코 배신하지 않는 훌륭한 전략

② 보복성 : 상대의 배신에는 금방 엄하게 제재한다.

③ 관용성 : 상대가 반성하고 협조하면 금방 용서한다.

④ 단순성 : 단순한 전략으로 프로그램도 가장 짧다.

이 성질들을 '호혜주의'라고 한다. 서로 협조하여 양쪽 모두 이익을 얻을 수 있다. 또 ④의 단순성도 중요하다. 상대가 이 행동을 간단하게 추측할 수 있기 때문에 배신하려고 하는 유혹이 없어지기 때문이다.

이 보복 전략의 승리는 정치나 군대에도 영향을 주었다. 미국은 9 · 11테러 후에 보복주의로 달렸다. 그런 정책도 컴퓨터 게임 대회의 결과로 볼 때 당연한 것이었을지 모른다.

🐟 **보복 전략의 결점** TFT 전략의 최적성은 그리 오래 지속되지 않았다. 이 전략에도 치명적인 결점이 있었는데, 에러(오류)에 약하다는 것이었다. 에러란 어떤 이유에서 잘못된 선택을 해 버리거나 상대가 협조했음에도 불구하고 배신했다고 생각해 버리는 것이다.

현실 사회에서 에러는 피할 수 없다. 에러가 생겼을 때 TFT 대 TFT의 대전을 [표 1]에 나타냈는데, 겨우 한 번의 에러 때문에 서로 배신하는 수렁에 빠진다는 사실을 알 수 있다. 명백하게 복수와 보복의 연쇄가 일어났다. 이것이 보복주의가 가지는 결점이다.

액셀로드도 자신의 저서에서 "보복 전략은 보복주의이며 최적이라고는 할 수 없다. 예를 들면 그것은 인간의 도덕이다. 세계의 종교는 황금률(선인 전략)을 '바람직하다'고 한다. 그런데 왜 '보복'이 이길까?"라고 보복 전략에 의문을 던지고 있다.

표 1. 보복 전략(TFT)끼리의 대전 기록

TFT	C C C C D C D C D C D ……
TFT	C C C C C D C D C D C ……

갈색이 에러를 의미한다
에러로 인해 보복의 연쇄가 일어난다

우승이라고는 해도 보복 전략은 분명 컴퓨터 게임 대회에서 우승했다. 그러나 우승했다고는 해도 높은 득점을 얻은 것은 아니었다.

[표 2]는 제1회 게임 대회에서 상위 3위까지가 거둔 성적을 나타낸 것이다. 이 표를 보면 성적 상위자의 평균 득점은 결코 높지 않다. 득점이 저조한 것으로 볼 때 [표 1]과 같은 배신의 연쇄에 빠진다는 사실을 알 수 있다.

표 2. 게임 대회의 성적 상위자

순위	프로그램명(제출자)	평균 득점
1위(우승)	보복 전략 : TFT(아나톨 래포포트)	2.52
2위	(타이드맨과 셀지)	2.50
3위	(나이데거)	2.43

파블로프 전략

🐟 **생물의 적응 행동과 파블로프 전략**   파블로프(Pavlov) 전략이란 처음에는 C 이고 다음부터 득점이 낮을 때(1점과 0점일 때)만 방법을 바꾸는 전략이다. 고득점(5점과 3점)일 때는 방법을 바꾸지 않는다. 이것은 다양한 생물이 실행하는 적응 행동과 비슷하다.

파블로프 전략은 'Win-stay Lose-Shift 전략'이라고도 한다. Win-stay 란 이겼을 때는 그대로 상황을 유지하는 것을 말하고 Lose-Shift란 졌을 때 상황을 변경한다는 뜻이다.

파블로프 전략은 자신은 배신하지 않고 배신당했을 때 배신을 돌려주는 전략이다. 지난번에 잘했다면 다음에도 같은 행동을 하고, 지난번에 잘못했다면 다음에는 전략을 바꾼다.

🐟 **파블로프 전략의 장점**   파블로프 전략은 에러가 있는 죄인의 딜레마 게임에서 높은 이득을 얻을 수 있다. 에러는 현실에서 피할 수 없는 경우가 많다. 에러가 존재하는 한, 보복 전략보다 파블로프 전략이 힘을 얻는다.

이것은 이론적(수리적)으로 나타낼 수 있다. 앞 페이지에서 보복 전략이 에러에 약하다는 사실을 나타냈으나, 파블로프 전략은 에러에 강하다. 파블로프와 파블로프를 대전시켜 보겠다. 〔표 1〕은 파블로프끼리 대전시켰을 때의 대전 기록이다. 이 표를 보면 배신의 연쇄에는 빠지지 않는다는 점을 알 수 있다.

표 1. 파블로프끼리의 대전 기록

파블로프	C C C C D D C C C C C ……
파블로프	C C C C C D C C C C C ……

갈색이 에러를 의미한다

파블로프 전략은 어떻게 발견되었을까? 파블로프 전략은 에러가 있는 죄인의 딜레마 컴퓨터 시뮬레이션을 통해 발견되었다. 노박과 지그문트는 지난번 대전에서 다음에 자신이 할 방법이 확률적으로 결정되도록 했다. 지난번 대전이 일어났을 때, 다음번은 〔표 2〕와 같이 하여 자신의 방법을 결정한다.

이 표에서 네 가지 파라미터(ㄱ~ㄹ)는 다음번에 자신이 협력(C)을 제시할 확률이다. 예를 들면 파라미터 ㄷ는 지난번 대전에서 자신이 D이고 상대가 C일 때, 다음 대전에 자신이 협력(C)을 제시할 확률이 ㄷ임을 의미한다.

황금률 전략(All C)일 때, 지난번 대전과는 관계없이 항상 협조하기 때문에 ㄱ=ㄴ=ㄷ=ㄹ=1이 된다. 배신 전략(All D)에서는 ㄱ=ㄴ=ㄷ=ㄹ=0이다.

마찬가지로 보복 전략에서는 지난번 상대가 C였을 때, 다음 대전에 자신도 반드시 C를 내기 때문에 ㄱ=ㄷ=1이 된다. 마찬가지로 ㄴ=ㄹ=0이 된다.

표 2. 다음 대전에 자신이 협력(C)을 제시할 확률

		지난번 상대	
		협력	배신
지난번 자신	협력(C)	ㄱ	ㄴ
	배신(D)	ㄷ	ㄹ

시뮬레이션의 결과 네 가지 파라미터(ㄱ~ㄹ)는 각각 0에서 1까지의 범위로 세분하여 그중 하나의 값을 임의로 결정했다. 네 가지 파라미터의 값이 결정되면 하나의 전략이 결정된다.

그 결과, 우승은 예상을 뒤엎는 것이었다. 보복 전략이 아니었다. 컴퓨터는 단순한 계산 반복에서는 절대적인 위력을 발휘한다. 네 가지 파라미터의 값을 ㄱ=ㄹ=1, ㄴ=ㄷ=0으로 하는 전략일 때 최대의 점수를 얻는 결과가 나왔던 것이다. 이것이 파블로프 전략으로 '파블로프의 개'와 관련되어 명명되었다. 시뮬레이션의 방법으로 지난번 대전에 대해 조건반사적으로 자신의 다음번 방법을 결정한 점에서 지어진 이름인 것이다.

11 파블로프 전략의 단점과 황금률

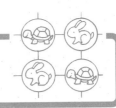

🐟 **파블로프 전략이 인기가 없는 이유**   파블로프 전략은 ① '눈에는 눈'이라는 보복주의와 ② 황금률 전략을 방해한다는 등의 이유에서 인간의 도덕적 기준으로 볼 때 바람직하지 않다는 단점이 있다.

앞에서 말했듯이 보복주의는 에러에 약하다는 큰 결점이 있다. 파블로프도 보복주의이기 때문에 마찬가지이다. 예를 들면, 파블로프와 TFT의 에러 포함 대전은 아래 표에서 보듯이 보복주의에 따른 보복과 폭력의 악순환에 빠져 있다.

파블로프와 TFT의 대전 기록

파블로프	C C C C D C D D C D D······
TFT	C C C C C D C D D C D······

TFT	C C C C D C D D C D D······
파블로프	C C C C C D D C D D C······

갈색이 에러를 의미한다

또 황금률(선인) 전략을 방해하는 것도 문제이다. 황금률 전략을 배제하면 악인 전략의 침입을 막을 수 있다는 해석도 생긴다. 그러나 직접적으로 선인을 공격하는 파블로프 전략에는 혐오감이 강한 것 같다.

이러한 이유로 파블로프 전략은 인기가 없다. 실제로 파블로프 전략의 발견자 중 한 명인 지그문트는 나중에 황금률 전략(All C)도 최적 전략이 될 수 있다는 논문을 썼다. 현재, 미국과 유럽의 연구자에게 인기가 있는 것은 역시 황금률 전략이다. 상대가 했으면 하는 행동을 한다는 황금률은 인간의 도덕적 기준으로 볼 때 많은 사람의 공감을 얻었기 때문이다.

🐟 **세계의 종교와 황금률**   황금률이란 철저한 이타 행동(다른 사람을 위한 행동)

을 의미하며, 다음과 같이 많은 종교의 도덕 기준이 되고 있다.

- 기독교 : 자신이 했으면 하는 행동을 상대에게도 해 주어라.
- 불교 : 타인의 행복을 스스로 바라고 찾고 구한다.
- 힌두교 : 타인이 하지 말았으면 하는 행동을 타인에게 하지 않는다.

이렇게 황금률은 세계적 종교의 교의에 보편적으로 포함되며, ① 자신이 바라는 것을 타인에게 해 주며 ② 자신이 바라지 않는 것을 타인에게 하지 말라는 두 가지의 의미를 갖고 있다. 미국인과 유럽인은 전자와 같이 생각하고, 반대로 동양인은 후자이다.

재판 제도(벌을 주는 것)는 보복주의뿐 아니라 황금률로도 설명할 수 있다. 왜냐하면 벌을 주는 것을 통해 세상의 선행(이타 행동)을 촉진시키고 약자를 도울 수 있기 때문이다.

🐟 이전에 황금률은 약했다 그러나 게임 세계에서는 이전, 황금률 사회가 힘이 없었다. 왜냐하면 이주나 돌연변이의 문제가 있어서 황금률의 사회가 쉽게 침략당하고 붕괴하기 때문이다.

'이주(침입)'는 '다른 전략'의 침입이다. 예를 들어 배신(비협력)자가 이주해 왔을 때, 황금률 사회는 붕괴된다. 그리고 비협력자에게 모든 이득과 재산을 빼앗겨 버린다. 비협력자에게 반격(보복)하지 않기 때문에 쉽게 침략을 당하는 것이다.

한편, '돌연변이'는 황금률 사회 속에서 갑자기 잘못된 생각이 끓어오르는 경우이다. 만약 황금률 사회 속에서 갑자기 변이가 일어나면, 그에 해당하는 사람이 의외로 높은 이득을 챙길 수 있다. 남을 속여서 생기는 이득이 점점 커지고, 거대한 자산을 구축할 뿐 아니라 그 자손도 번성한다. 그리고 자손도 부모와 마찬가지로 남을 속인다. 이렇게 되면 황금률의 사회는 붕괴할 것이다.

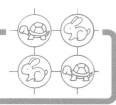

황금률 전략의 최적성

☘ 황금률의 장점 우리는 죄인의 딜레마 게임에서 황금률(All C)이 최적 전략이 될 수 있다는 사실을 처음으로 논문으로 발표했다(2002년, 「에콜로지컬 모델링(Ecological Modelling)」). 반복 게임이든 한 번뿐인 게임이든 최적이 된다. 또 에러가 있든 없든 최강이 될 수 있다. 단, 리그전과 같이 평등하게 대전할 때는 보복이나 파블로프가 이긴다.

다른 대전에는 없는 황금률의 큰 장점은 대전하는 개체 양쪽의 합계점이 최고가 된다는 점이다. 만약 훌륭한 전략(먼저 배신을 한 적이 없는 전략)과의 대전이 일어나기 쉬운 구조가 있으면 황금률이 최강이 된다.

황금률인 사람은 완전한 이타(선행)주의자이고 장래를 기대할 수 없는 사람에게도 이타 행동을 실행한다. 또 타인에게 속아도 결코 보복하지 않는다. 이렇게 이타 행동을 하는 사람들이 만약 그들만의 사회를 만들면 그 사회는 이득이 가장 높아진다. 서로 협조하고 결코 타인을 배신하지 않는 신뢰로 가득 찬 사회이다.

☘ 왜 황금률은 이길 수 있을까? 황금률 사회는 이주(침입)가 일어나면 침략당하고 만다(특히 악인 전략에는 약하다). 그러나 그것은 이주라는 하나의 측면만을 본 것뿐 다른 측면에서 보면 달라진다. 특히 '사회 멸망'과 '콜로니화'라는 측면을 봐야 한다.

황금률 사회에 배신 전략이 침략하면 집단 전체의 이득이 낮아지기 때문에 멸종이 일어나기 쉽다. 즉, '사회 멸망'이 일어나기 쉬워진다. 또 멸망 후에는 빈 터(자원)가 생긴다. 빈 터는 계속 그 상태로 있지 않고 이곳에 다른 전략이 침입할 수 있다. 빈 터에 대한 침입을 '콜로니화'라고 한다. 그럼 어떤 전략이 빈 터에 침입하기 쉬울까?

콜로니화에서 가장 우위에 있는 것은 황금률 사회이다. 왜냐하면 사회 전체의 이득이 가장 높기 때문이다. 사회의 동태를 생각했을 때, '침입(이주)', '사회 멸망', '콜로니화'가 3대 요소이다. 즉, '사회 멸망'과 '콜로니화'에서 황금률이 가장 뛰어나다.

먹이와 포식자계의 대응 관계 예를 들어 포식자와 먹이의 관계를 들어 생각해 보자. 만약 포식자와 먹이 양쪽만의 관계를 보면, 먹이는 포식자에게 잡아먹히기 때문에 약하다고 생각하기 쉽다.

그러나 일반적으로 포식자보다도 먹이의 개체 수가 많기 때문에(생태 피라미드) 생태 진화의 관점에서 보면 먹이는 포식자보다도 멸종되기 어렵다.

포식자는 자원을 유효하게 이용하는 힘을 갖고 있고 먹이는 환경 변화에 대한 적응도가 높은 경우가 많다. 먹이에 대응하는 것이 황금률이며, 포식자에게는 다른 전략(배신 전략)이 대응한다. 황금률 사회 내에서 서로 돕고 협력하는 것의 장점은 측정할 수 없으며, 이 장점은 상상 이상으로 크다.

황금률과 포식자-먹이계의 대응 관계

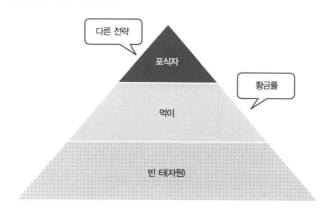

포 인 트 해설
황금률은 먹이에 대응합니다. 생물 진화의 측면에서 보면 먹이는 자원을 유효하게 이용하는 힘을 갖고 있기 때문에 포식자보다도 멸종하기 어렵지요. 일반적으로 먹이는 포식자보다 개체 수가 많습니다.

CHAPTER 07

멸종과 다종 공존의
수수께끼

01
생물 멸종의 메커니즘

🐟 **약 4만 종류의 동식물이 멸종할 우려가 있다** 지구 위에는 다양한 생물이 존재한다. 그러나 현재, 상당수가 멸종의 위기에 직면하고 있다. 국제자연보호연합(IUCN)은 "생물 다양성의 손실은 지금도 세계에서 가장 위협적인 환경문제의 하나로, 인류의 지속적인 발전과 생활의 기반을 위협하고 있다. 생물 종의 멸종이나 생물 다양성의 손실은 인류가 살아가기 위해 필요한 생태계의 능력을 손상시키는 경우도 있다."고 한다. IUCN이 발행한 『레드 데이터북』에는 조류의 11%, 포유류의 23%, 식물의 20~30%가 포함되어 있다. 약 4만 종류의 동식물이 멸종 위기 종으로 등록되어 있다.

이전에는 '인간이 너무 많이 죽인 것(과대 살육)'이 가장 큰 원인이었지만 현재의 멸종 요인은 크게 변하고 있다.

🐟 **서식지의 파괴** 생물이 멸종하는 첫 번째 원인은 서식지 파괴(및 서식지 분단화)이다. 특히 종이 많이 존재하는 열대 우림이나 삼림의 손실은 심각하다.

이 파괴를 방지하기 위해 세계 각국은 환경 파괴에 대처하는 법률을 만들었다. 그러나 현재 가장 필요한 법률은 거의 제정되어 있지 않은 것이 현실이다. 특히 선진국이라고 해도 생물 멸종의 첫 번째 원인인 서식지 파괴를 제한하는 법률은 매우 적다.

🐟 **외래종의 침입** 두 번째 멸종 원인은 외래종의 도입이다. 생태계는 각각 격리되어 진화해 왔기 때문에 새로운 종이 생태계에 도입되었을 때, 대부분 잘 공존하지 못한다. 도입한 종이 늘어날 때, 경쟁에 진 재래종은 멸종되는 경우가 많다.

미국의 잡지 「에콜로지(Ecology)」에 실린 논문에서 특히 외래종 물고기의 도입이 통계적으로 볼 때 문제를 일으킬 가능성이 높다는 보고를 했다. 인간이 어떤 목적으로 큰 강이나 연못에 외래종을 도입했을 때, 상당히 심각한 부작용이 일어났다. 일본에서 어떤 지방 자치 단체가 모기를 퇴치할 목적으로 모기고기라는 송사리를 닮은 외래종을 방류한 적이 있는데, 그 때문에 토종 송사리의 개체 수가 심각한 위기를 겪은 일이다.

호주에 있는 토끼 울타리   호주에는 높이 2m 정도의 만리장성처럼 긴 토끼 울타리가 있다. 토끼의 서식지가 확대되는 것을 막으려고 설치한 것이다. 그러나 점점 늘어난 토끼들이 이동할 수 없게 되자 울타리 밑에 사체로 늘어서게 된 비참한 사태가 일어났다.

예전에는 호주에 토끼가 없었다. 그러나 사람들이 토끼 사냥을 즐기려고 호주 대륙으로 토끼를 데리고 왔다. 천적이 없는 새로운 토지에서 토끼는 점점 늘어났고, 유대류 등 호주의 재래종을 멸종시켰다.

토끼 울타리라고 하면 영화 〈토끼 울타리(Rabbit—Proof—Fence)〉가 떠오른다. 과거에 호주 정부는 원주민 혼혈아를 부모에게서 격리시켜 수용소에 연금했다. 영화는 원주민 소녀들이 수용소에서 탈출하여 토끼 울타리를 표시 삼아 2,400km나 떨어진 부모 곁으로 돌아갔다는 실화를 옮긴 것이다. 귀소 본능은 철새나 개, 고양이 등에만 있는 것으로 알려졌지만 인간의 경우에도 마찬가지로 자신의 부모나 고향으로 돌아가고자 하는 본능이 있는 것이다.

토끼의 서식지가 확대되는 것을 막기 위한 울타리

02 서식지 파괴가 적어도 생물은 멸종한다

🐟 **서식지 분단화와 최소 생존 가능 개체 수**　서식지 파괴는 국소적이라도 생물 멸종과 밀접한 관계가 있다. 서식지 파괴의 비율이 어느 전이점을 넘으면 파괴지의 침투가 생긴다. 파괴지의 침투는 생식지의 '분단화'를 의미한다. 만약 서식지와 서식지를 잇는 중요한 장소에 건물을 세우면 서식지의 분단화가 일어난다. 이 분단화는 생물을 멸종시키는 심각한 요인이 된다.

분단화가 일어나면 번식 기회가 줄어들고 먹이를 확보할 수 없게 된다. 또 유전적 다양성도 감소한다. 유전적 다양성이 감소하면 집단 전체가 병에 감염될 수도 있다. 이렇듯 분단화가 일어나면 멸종을 가속시키는 다양한 요인이 출현한다.

실제 생물에는 그 종의 독특한 '최소 생존 가능 개체 수(MVP: minimum viable population)'가 있으며, 새나 포유류의 경우에 수천 개체라고 한다. 그 값보다 작을 때, 생물은 쉽게 멸종한다.

분단화가 일어나면 개체 수가 최소 생존 가능 개체 수보다 밑돌 가능성이 있다. 서식지가 거의 파괴되지 않았다고 해도 멸종의 위험성이 갑자기 급증한다. 예를 들어 현재 판다가 멸종 위기에 있는 것은 인간이 만든 많은 도로로 인해 분단화가 일어났기 때문이라고 한다. 그 증거로 판다가 도로를 건널 수 있도록 회랑을 만들었더니 판다의 개체 수가 어느 정도 늘어났다는 보고가 있었다. 물론 회랑뿐 아니라 판다의 포획을 금지한 것도 회복 원인의 하나이다.

🐟 **홍수와 삼림 파괴**　삼림 파괴와 홍수는 밀접한 관계가 있다. 삼림은 수해를 방지하는 역할을 한다.

현재, 삼림은 국지적으로 파괴되어 있어 조금씩 벌채된다고 한다. 처음에 약간 벌채한 것은 홍수의 원인이 되지 않았다. 그러나 파괴가 더욱 진행되고 어느 임계값을 넘으면 갑자기 홍수가 일어나게 된다.

　침투 전이의 이론에 따르면, 첫 벌채와 임계값에 가까울 때의 벌채는 그 의미가 완전히 달라진다. 임계값에 가까울 때 벌채를 하면 홍수가 훨씬 일어나기 쉬워지는 것이다. 아래 시소 그림처럼 벌채된 파괴지가 축적되면 생태계의 허용력이 사라지고 홍수 발생 가능성이 비약적으로 증가한다.

　현재 서식지의 파괴가 많은 생태계에서 임계값에 달해 있다고 한다. 현재의 서식지 파괴는 옛날의 파괴와 질적으로 다른 상황인 것이다.

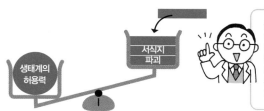

서식지 파괴와 홍수

포 인 트　해설

삼림의 작은 파괴는 처음에는 홍수의 원인이 되지 않습니다. 그러나 파괴가 점점 진행되면 생태계의 허용력이 사라지고 홍수 발생 가능성이 비약적으로 커집니다. 파괴의 축적이 어느 임계값을 넘으면 시소가 역전되고 갑자기 생태계의 허용력이 사라진답니다.

침투와 전염병　침투의 사고는 전염병 유행 문제에도 적용할 수 있다. 인구밀도가 낮고 사람과 사람의 접촉이 적은 지역에서는 인플루엔자 같은 감염성 질병이 거의 유행하지 않는다. 그러나 인구밀도가 높은 지역에서는 인플루엔자 등이 유행할 가능성이 크다.

　예전에 미국의 한 마을에서 대장균 O-157이 대유행하여 사람들이 많이 죽었다. 대장균 O-157로 식중독에 걸리면, 특징적인 전구증상 없이 콧물이 나고 기침이 나며 오한이 드는 등 인플루엔자를 생각하게 된다. 그러나 전문 조사관들은 처음부터 인플루엔자 같은 감염증이 아니라고 판단했다. 인플루엔자가 유행하려면 사람과 사람의 접촉(침투)이 필요한데, 이 지역은 인구밀도가 매우 낮고 특별한 모임도 없었던 것이다.

　조사관들은 결국 수돗물에 O-157이 혼입되었다는 사실을 발견했다. 수돗물에 들어가야 할 염소가 들어가지 않은 것이 원인이었다.

03 공룡 멸종의 수수께끼

공룡 멸종의 세 가지 설 공룡은 지금부터 약 6,500만 년 전 백악기 말기에 멸종했다. 그때 대형 파충류를 비롯한 많은 생물도 멸종했다. 생물의 역사는 고생대 · 중생대 · 신생대로 나뉘는데, 이들 경계에서 대멸종이 일어났다. 규모로서는 고생대 말의 멸종이 가장 컸다고 한다.

백악기 말기(K-T 경계)[*]의 멸종 원인에 대해서는 여러 설이 있는데, 명확히 평가가 내려져 있지 않다. 여기서는 필자가 유력하다고 생각하는 세 가지 설을 설명하겠다.

운석 충돌설 1980년, 알바레스 부자(父子)가 운석 충돌설을 발표하였다. 그들은 K-T 경계층에서 고농도의 이리듐이 발견된다는 사실을 알아냈다. 이리듐은 지구의 깊숙한 부분(핵)에 높은 농도로 존재하지만, 지구 표면에서는 볼 수 없는 원소이다. 그들은 이리듐이 지구 밖에서 유래했을 것이라고 생각했다. 거대한 운석이 지구에 충돌하자 그 충격으로 대량의 흙먼지 등이 성층권까지 올라갔고, 그로써 지구의 기후가 급격히 한랭화되어 대멸종이 일어났다는 해석이다. 그 후, 유카탄 반도나 인도에서 분화구 같은 거대한 흔적이 발견된 것도 이 설을 뒷받침하는 증거가 되었다. 그러나 "한랭화로 깃털 공룡이 멸종하고 변온동물인 도마뱀이나 뱀이 살아남은 이유는 무엇인가?" 하는 의문과, "지층 조사에서 K-T 경계에 이리듐 농집의 최고 절정이 몇 차례 있었다."는 점, "공룡이나 암모나이트류는 백악기 후반에 그 수가 장기간에 걸쳐 서서히 감소했다."는 이유에서 이 설에 대한 의문도 제기되었다.

해수준 저하설(지구 한랭화설, 플룸 상승설) 대멸종은 백악기 말이나 고생

• K-T경계 : 중생대 백악기~신생대 제 3기 사이 형성된 층으로 공룡 대전멸에 대한 원인을 밝히는 중요 자료가 된다.

대 이외에도 여러 번 일어났다. 그런데 놀랍게도 이 대멸종의 시기와 해수준 저하의 시기가 일치하며, 그 횟수가 거의 10회에 이른다. 해수준 저하는 '극단적인 간조'와 같으며 해수면의 저하를 말한다.

해수준 저하의 원인으로는 지구 한랭화나 지각변동에 따른 대륙 플레이트의 이동을 들 수 있다. 후자라면 이리듐 층이 있는 것도 맨틀에서 유출된 플룸(원기둥 모양의 상승류)으로 설명할 수 있다(플룸 상승설). 또 대규모 화산 폭발과 동시에 일어났을 가능성도 있다(화산 활동설).

그러나 K-T 경계의 조사에서 멸종이 매우 단기간에 일어났다고 하는 논문이 나와, 해수준설에도 반론이 제기되고 있다.

내적 요인설 위의 두 가지 설은 외적 요인으로 대멸종이 일어났다고 보는 것이지만, 생물 간 상호작용이라는 내적 요인으로도 대멸종이 일어날 수 있다. 톰 레이, 카우프만, 가네코 구니히코, 도키다 게이치로의 인공적인 시뮬레이션을 보면 모두 내적 요인으로 대멸종이 일어났다고 한다. 우연히 멸종의 연쇄가 일어나면 눈사태 같은 대멸종으로 발전하는 일도 있을 수 있다.

마지막으로 현대의 대멸종은 내적 요인에 따른 것이라는 사실을 강조하고 싶다. 왜냐하면 서식지 파괴나 종의 도입도 인간 활동이 원인이기 때문이다.

공룡 멸종의 수수께끼는 해명되지 않았다

04

매머드의 멸종

🐟 매머드와 현세 코끼리의 유사 관계 매머드는 신생대 신제3기 플라이오세에서 제4기 플라이스토세, 즉 빙하시대에 번성한 매머드속의 화석 코끼리의 일종이다. 약 4만~수천 년 전에 멸종된 것으로 추정된다. 마지막 매머드는 기원전 1700년경에 북극해의 브랑겔 섬에서 멸종했다고 한다.

매머드는 아프리카코끼리나 인도코끼리와 함께 코끼리 종류(코끼릿과의 동물)에 들어간다. 신생대 신제3기 마이오세의 700~600만 년 전에 아프리카코끼리의 종류(Loxodonta속)에서 갈라져 나오면서 매머드의 조상 코끼리가 탄생했다. 이 조상 코끼리가 약 600~500만 년 전에 인도코끼리(Elephas속)와 매머드속으로 나뉘었다고 추정된다. 실제 매머드 화석은 신생대 약 500~400만 년 전부터 출토된다. 즉, 계통적으로는 아프리카코끼리의 '자손'으로, 인도코끼리와 '형제' 관계이다.

🐟 매머드 멸종의 수수께끼 빙하시대 말기(플라이스토세 말기의 약 4만~수천 년 전)에 매머드 외에도 마스토돈, 스밀로돈 등 많은 대형 포유류가 멸종했다.

멸종 원인을 설명하는 유력한 가설 하나는 지구 온난화에 따른 식생 변화를 그 주요한 원인으로 든다. 빙하시대가 끝나고 지구가 온난화된 후, 지구 전체의 기후는 예전과 크게 달라졌다. 매머드는 시베리아나 북극을 중심으로 극지방에 분포했다. 매머드가 많이 살던 시베리아 지방은 빙하시대에는 매우 춥고 건조한 대초원이었다. 그러나 온난화가 되자 기온이 10도 정도 상승했고, 그에 따른 습윤화로 대량 강설이 시베리아를 덮고 초원이 사라졌다고 추정된다.

매머드는 대량의 풀을 먹는 초식동물이었기 때문에 이러한 식생 변화 때문에 멸종되었다. 시베리아의 영구동토(永久凍土)에서 출토된 매머드 화석에서 매머드가 볏과의 풀을 먹었다는 사실이 밝혀졌다. 마지막 매머드는 인류에게 잡혔다는 설도 있다.

매머드 멸종의 이유에 몇 가지 가설이 있다

포유류가 대형화한 이유 빙하시대는 매머드나 스밀로돈 등 대형 포유류가 번성한 시대였다. 빙하기의 끝과 함께 이 많은 동물들이 멸종했다. 매머드와 마찬가지로 온난화에 따른 식생의 변화가 큰 원인이었던 것으로 보인다. 그럼 이들 포유류는 왜 커졌을까?

'베르그만의 법칙'이라는 것이 있다. 항온동물은 같은 종이라도 한랭한 지역에 서식하는 것일수록 체중이 무겁고, 또 근연종도 한랭한 지역일수록 대형 종이 서식한다는 법칙이다. 이 법칙은 열의 방사와 체온 유지의 관계로 설명할 수 있다. 설명을 간단하게 하기 위해 생물의 몸을 구형이라 하자. 열의 방열량은 체표면적에 의존하기 때문에 몸길이(구의 반지름)의 제곱에 비례한다. 그런데 체온 유지를 위한 열 생산량은 체중(=체적)에 의존하기 때문에 몸길이의 세제곱에 비례한다. 즉, 몸길이의 제곱의 방열량과 세제곱의 열 생산량의 차이에서 몸길이가 큰 동물일수록 체적 당 방열량이 적기 때문에 체온을 유지하기 쉽다. 따뜻한 지방에서는 반대로 방열이 중요하기 때문에 크기가 작은 편이 체온을 발산하기 쉽다.

매머드 등의 대형 포유류는 빙하시대가 도래하면서 대형화했지만, 빙하시대가 끝나며 찾아온 온난화에는 적응할 수 없었다. 이러한 멸종의 원인은 아직 수수께끼이다.

137

05

다종 공존의 메커니즘

🐟 **가우제의 경쟁 배제의 원리** 멸종 메커니즘을 이해하기 위해서는 다종 공존 메커니즘을 알아야 한다. 다종 공존을 방해하는 가장 큰 요인은 가우제가 주장한 '경쟁 배제의 원리'이다.

경쟁은 생물 종 간의 가장 기본적인 관계이다. 생물이 서식할 때, 공간이나 자원은 유한하며 그것을 둘러싼 싸움을 피할 수 없기 때문이다. 이 경쟁 배제의 원리에 따르면, 다른 생물은 각각 다른 니치(niche)를 갖지 않으면 생존할 수 없다. 니치란 먹이, 장소, 자원 등의 차이를 가리키며 생태학적 지위로 해석된다. 이 니치의 정의는 항상 변화해 왔다. 만약 다른 종이 새로운 메커니즘으로 공존할 수 있으면 그것이 새로운 니치의 정의가 된다.

각 니치를 차지할 수 있는 종이란 그 환경에 가장 적응한 종뿐이다. 경쟁 배제에는 아래와 같은 것이 있다.

- 가우제의 짚신벌레 실험 : 하나의 용기에 두 종류의 짚신벌레를 넣으면 한쪽이 죽어 버린다.
- 크고 작은 두 종의 인접 식물 : 빛이 닿지 않는 식물은 생육이 나빠져 시들어 버린다.
- 화분 안의 다종 식물 : 다종 식물이 화분을 공유했을 경우, 대부분은 죽어 버린다.
- 애팔래치아 산맥 남부에 사는 두 종의 도롱뇽 : 서로 상대가 없는 편이 많이 산란하고 빨리 성장한다.

🐟 **다종이 공존할 수 있는 이유** 다종 공존의 메커니즘은 수수께끼에 싸여 있다. 이 문제는 현대 생태학 최대의 난제이다. 이론적으로는 맥아더의 니치 분할 이론, 1970년대 메이의 수리해석 등이 잘 알려져 있다.

메이에 따르면, 공존하는 생물 종의 수는 겨우 한 자릿수 정도라고 한다. 수리적 방법이나 시뮬레이션에서는 안정적인 다종 공존이 곤란하다.

이 다종 공존의 수수께끼를 풀기 위해 지금까지 다양한 의견이 나왔는데 가장 전통적인 주장이 '구획화'이다. 설령 다수의 종이 존재해도 '공간적인 구획화'가 있으면 서로 안정적으로 공존할 수 있다는 생각이다. 공간 이외에 '시간적인 구획화'도 있다. 휴면설이나 로터리 모델(142페이지 참조) 등이 그에 해당한다. 그 외에도 '나누어 먹기'나 '빈도 의존 선택'에 따른 구획화도 있다. 나누어 먹기란 여러 포식자라도 각각 다른 먹이를 먹으면 공존할 수 있다는 것이다. 같은 먹이라도 다른 부위를 먹으면 공존할 수 있다. 빈도 의존 선택이란 포식자가 빈도가 높은 먹이를 먹으면 다양한 먹이의 생물 종이 공존할 수 있다는 뜻이다.

플랑크톤의 수수께끼 다종 공존은 지금도 미해결 문제이다. 생물 군집의 다종 공존에 대한 수수께끼는 허친슨이 처음 제기했다.

허친슨은 작은 연못에 매우 많은 플랑크톤이 살고 있다는 점에 놀라움을 느꼈다. 대부분 단일 영양인데 왜 많은 종이 서식하고 있는 것일까? 이것을 '플랑크톤의 패러독스'라고 한다.

다종 공존의 실례는 생태계 속에서 많이 찾아볼 수 있다.

경쟁 배제의 원리

빛이 닿지 않는 식물은 생육이 나빠져 금방 시들어 버린답니다.

06
공간에 따른 구획화

🐟 산천어와 곤들매기는 공간을 나누어 살고 있다 공간에 따른 구획화로 다종 공존이 가능하다. 다윈은 이미 이 문제에 접근하고 있었다.

다윈은 갈라파고스 섬에서 핀치나 이구아나를 관찰하며 공간적인 구획화를 확신했다. 또 가우제도 같은 문제를 파고들어 실험실에서 두 종의 짚신벌레가 공간적인 구획화에 따라 경쟁을 피한다는 사실을 발견했다. 그 후, 맥아더도 조류 관찰을 통해 같은 메커니즘을 자세하게 논의했다.

저명한 생태학자인 그들은 공간에 따른 구획화의 중요성을 주장했다. 설령 경쟁종이더라도 서로 다른 장소에 서식하면 경쟁을 피할 수 있다는 것이다.

이 공간에 따른 구획화의 예로서 산천어와 곤들매기가 유명하다. 산천어와 곤들매기는 모두 강의 상류에 서식하는 물고기이다. 각각 단독으로 서식

산천어와 곤들매기의 구획화

곤들매기

산천어

하는 강에서는 산천어든 곤들매기든 상류를 점유한다. 그러나 둘 다 서식하는 강에서는 공간을 구획화하여, 최상류역을 곤들매기가 그리고 어느 지점부터 하류역을 산천어가 점유하는 것이다.

🐟 분류가 일어나는 이유

공간적인 구획화의 중요성은 옛날부터 논의되어서 그다지 새롭지 않다. 예를 들면 맥아더는 "구획화가 왜 일어나는가?"라는 메커니즘을 논의했다. 그는 경쟁 배제(가우제)의 원리에 따라 구획화가 일어난다고 주장했다.

장소가 다르면 환경도 차이가 있으며, 각각의 장소에서 적응도가 높고 최적인 것만이 살아남는다. 즉, 경쟁 배제의 원리에 따라 구획화가 일어난다는 것이다. 예를 들면 앞의 산천어와 곤들매기의 경우에도, 곤들매기가 차가운 물을 좋아하기 때문에 수온이 낮은 최상류에서 경쟁에 이기게 된 것이라고 설명하였다.

🐟 글로벌리제이션에 따른 멸종

현재 멸종의 최대의 원인은 서식지 파괴이지만 외래종의 도입(글로벌리제이션)도 큰 요인이다.

토종과 외래종은 각각 공간적으로 격리되어 진화해 왔다. 그래서 토종과 외래종이 동일 생태계로 분류되면, 잘 공존할 수 있는 경우가 매우 적고 대개 한쪽이 멸종되고 만다. 생물의 다양성 보전에서 글로벌리제이션(국제화)은 큰 환경문제이다.

예를 들면 최근 일본 각지에서 소나무가 시들고 있는데, 이것은 대부분이 외래성 선충 때문이다. 또 국제자연보호연합은 양이나 염소를 도입한 많은 섬에서 식물의 감소나 식생의 변화가 일어났다고 보고했다.

07

시간에 따른 구획화

🐟 **로터리 모델** 애리조나 대학교의 체센은 로터리(제비뽑기) 모델을 제안하여 시간적인 구획화의 중요성을 주장했다. 그리고 공존의 메커니즘으로서 교란에 의한 환경 변동을 언급했다.

지금 경쟁하는 두 종이 있다. 교란이 없을 때, 경쟁 배제의 원리에 따라 두 종은 공존할 수 없다. 그러나 산불이나 홍수 같은 교란이 일어나면 공존이 가능하다.

예를 들어 마른 풀을 태우면 상당수의 생명체가 불에 타 죽는다. 그러나 많은 생명체가 사망하면 빈 장소에 새로운 종자가 진입할 수 있다. 각 장소에 어떤 종의 종자가 진입할지 임의로 결정되기 때문에 로터리(제비뽑기) 모델이라고 한다.

🐟 **매토 종자의 휴면설** 토양 안에는 매토 종자(seed bank)로서 많은 종자가 포함되어 있다. 일반 토양 표면에는 $1m^2$ 당 $100 \sim 10$만 개나 되는 휴면 종자가 포함되어 있다고 한다. 이들 종자는 보통은 휴면하고 있으며, 조건이 만들어졌을 때 발아하는 것이 많다.

야생 종자는 가게에서 파는 작물의 종자와는 다르다. 작물의 종자를 밭에 뿌리면 모두 발아하지만 야생 종자는 그리 쉽게 발아하지 않는다.

로터리 모델에서는 이렇게 많은 매토 종자가 존재한다는 사실이 고려되지 않았다. 이들 매토 종자는 모두 금방 발아하지 않으며, 오

오랫동안 휴면하는 오가 연꽃

랫동안 휴면 상태에 있는 종자도 있다. 앞의 그림은 1,000년 이상 지나 발아한 '오가 연꽃'이라는 꽃이다. 1951년, 연꽃 박사로 유명한 도쿄 대학교의 오가 이치로 박사는 조몬 시대 연꽃의 개화에 성공했다. 휴면설이란 토양이 많은 종자를 매토 종자로 저장하기 때문에 다종이 공존할 수 있다는 가설이다.

🐜 곤충의 시간적 구획화

곤충류는 종류가 많아 시간적으로 구획화하고 있다. 예를 들어 매미는 여름이 되면 땅 속에서 성충이 되어 나오지만, 성충의 행동은 서로 다르다. 아래 표와 같이 활동 시기와 우는 시기가 조금씩 어긋나 있다.

매미가 우는 것은 수컷이 구애 행동을 하는 것이다. 우는 시간이 다른 것으로 암컷은 수컷의 존재를 알 수 있다. 매미 성충은 수명이 짧다. 그래도 하루 종일 구애 행동만 하고 있는 매미는 없다. 또 우는 소리도 다양하게 변해서 우리가 들어도 쉽게 구별할 수 있을 정도이다. 즉, 울음소리로 구획화하는 것이다.

매미의 활동 시기와 우는 시기

	활동 시기	우는 시간	우는 소리
유지매미	7월~9월	오후	지글지글
말매미	7월~8월	아침	드르르르
쓰르라미	6월~8월	이른 아침과 저녁	쓰르람~쓰르람
씽씽매미	6월~8월	오전 중과 저녁	니~니~
참매미	7월~9월	낮 동안	맴맴맴~
애매미	7월~10월	오전 중과 저녁	쓰크쓰크

주 : 지역에 따라 약간 변동이 있다.

08 다양한 종류가 공존할 수 있는 이유

약자라도 살아남을 수 있는 이유   다수종이 공존하는 메커니즘으로서 빈도 의존 선택에 따른 구획화도 있다. 이것은 포식자가 개체 수가 많은 먹이를 먹으면 다양한 생물 종(먹이)이 공존할 수 있다는 뜻이다. 생물 종 가운데 수가 많은 강자도 포식되기 때문에 소수의 약자도 살아남을 수 있다.

또 포식자가 아니라도 기생충이 있으면 공존할 수 있다. 다양한 기생충이 개체 수가 많은 숙주를 선택하여 기생한다면 다양한 숙주가 공존할 수 있는 것이다.

콩바구미의 공존   두 종의 콩바구미는 일정량의 팥을 주어 사육할 수 있다. 만약 같이 사육하면 한쪽의 콩바구미만 살아남는다. 그러나 포식자인 금좀 벌을 더하면 두 종의 콩바구미가 공존할 수 있다. 두 종의 피식자와 한 종류의 포식자, 합계 3자가 안정적으로 계속 공존하기 때문이다.

시즈오카 대학교의 다케우치 야스히로 교수는 이 3자계가 안정적으로 공존할 수 있다는 것을 처음으로 수리적으로 증명했다. 증명은 로트카-볼테라 방정식을 사용했다. 이것은 포식자가 강한 쪽의 먹이를 좋아한다고 가정한 방법이다. 따라서 특별히 빈도 의존 선택(포식자가 개체 수가 많은 먹이를 좋아하는 것)을 가정하지 않았다.

두 종의 콩바구미의 공존

같은 콩바구미끼리 사육하면 한 종만 살아남습니다. 그러나 포식자인 금좀벌을 더하면 두 종의 콩바구미가 공존할 수 있지요.

🐟 **구피의 다종 공존**　빈도 의존 선택은 많은 종이 공존할 수 있기 때문에 중요하다. 예를 들면 일리노이 대학교의 올렌돌프는 구피(guppy)에서 많은 다른 형태의 종류가 유지되는 이유를 연구했다.

그들은 남미 최북단 트리니다드토바고의 강에 수영장을 만들고 많은 종류의 구피를 방류한 뒤 20일 후에 회수했다. 그 결과, 개체 수가 많은 종류의 구피는 개체 수가 적은 종류에 비해 회수율이 극단적으로 낮다는 사실을 발견했다. 빈도가 적은 종류(약자)는 포식자의 공격을 적게 받고 상대적으로 사망률이 낮기 때문에 결과적으로 많은 종류가 공존할 수 있다.

🐟 **『거울 나라의 앨리스』에서 이름이 붙여진 붉은 여왕 효과**　D.에버트는 물벼룩의 다종 공존을 연구했다. 아래 그림은 '붉은 여왕 효과'에 따른 다종 공존의 모식도이다.

종 A가 증가하면 그 기생충이 늘어나기 때문에 결과적으로 종 A가 감소한다. 그러면 빈 니치에 종 B가 들어가서 종 B가 증가한다. 그러나 마찬가지로 종 B에도 선택적으로 감염하는 기생충이 늘어나서 종 B도 감소한다. 그리고 같은 이유로 종 C가 증가한다.

이런 숙주와 기생충의 술래잡기를 '붉은 여왕 효과'라고 한다. 이것은 루이스 캐럴의 『거울 나라의 앨리스』 중에서 붉은 여왕이 앨리스에게 "같은 곳에 돌아가려면 전속력으로 계속 달려라."라고 말한 내용에 착안된 이름이다.

붉은 여왕 효과에 따른 다종 공존

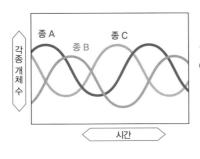

포 인 트 해설

세 종의 숙주의 개체 수 변동입니다. 종 A가 증가하면 그에 감염하는 기생충이 늘어나서 종 A가 다시 감소합니다. 그러면 이번에는 종 B가 증가하지요. 그러나 종 B에도 기생충이 늘어나 종 B도 다시 감소합니다. 다음으로 같은 이유로 종 C가 증가합니다. 이러한 숙주와 기생충의 술래잡기를 '붉은 여왕 효과'라고 한답니다.

09 수컷과 암컷은 어떤 비율로 태어나는가?

멸종인가 존속인가? 생물의 어떤 형질이 진화하는지는 '멸종인가 존속인가'에 따라 결정된다. 예를 들어 성비를 생각해 보자. 성비란 수컷과 암컷의 비율을 말한다. 지금까지 성비 이론은 ESS(진화적으로 안정적인 전략)라는 게임이론으로 설명했는데, 두 가지 개체군이 대전하여 이긴 쪽이 살아남는 것이다.

최근에 우리는 '존속 가능성'에 따른 새로운 성비 이론을 생각했다. 이 이론에서는 하나의 개체군만 생각하는데, 수컷과 암컷만으로 이루어진 번식 집단이다. 이 집단은 성비가 매우 극단적으로 치우치면 개체 수를 유지할 수 없다. 그러므로 "성비의 값이 어떤 범위일 때 존속할 수 있을까?"라는 문제를 생각할 필요가 있다.

동물의 성비 많은 동물은 수컷과 암컷의 수가 거의 같다. 인간뿐 아니라 개나 고양이도 마찬가지이다. 그 이유는 '집단 선택'으로 설명되었다. 집단 선택이란 집단 전체의 이득을 최대로 하도록 진화가 일어난다는 견해이다.

집단 선택에서는 수컷과 암컷 어느 한쪽의 수가 많으면 교배 상대에게 밀려나고 마는 개체가 나오기 때문에, 집단 선택을 생각할 때 1:1은 합리적이라고 생각했다.

피셔의 이론 그런데 피셔는 이 설에 이의를 주장했다. 피셔는 수컷과 암컷의 성비를 '집단 선택'이 아니라 '개체 선택'으로 생각했다.

개체 선택에서는 자기 자신이 교배 상대를 발견할 수만 있으면 다른 개체가 밀려나는 것은 상관없다고 생각한다. 그 결과로, 성비 0.5가 개체의 이득을 최대로 한다는 사실을 처음으로 나타냈다.

그의 성비 이론은 현재 ESS 이론의 일례로 생각된다. 이것은 다른 성비를 가진 야생형과 침입형의 게임이다. 각각의 적응도를 구하여 비교하고, 만약 침입형의 적응도가 야생형의 적응도보다 클 때는 침입형이 침입할 수 있다. ESS는 침입을 허락하지 않는 전략(성비의 값)이다.

해밀턴의 성비 이론　나비나 벌을 비롯하여 곤충 중에는 암컷을 많이 낳는 것이 있다. 예를 들어 기생벌은 암컷의 출생 성비가 압도적으로 높다.

기생벌의 예로서 유명한 것이 무화과꼬마벌이다. 이 꼬마벌은 무화과 열매에 알을 낳기 때문에 그런 이름이 붙여졌다. 무화과 열매 하나에 몇 마리의 어미 벌이 알을 낳는다. 열매 안에서 부화한 암컷과 수컷은 그 열매 안에서 교미한다. 교미를 끝낸 수컷은 무화과 열매 안에서 평생을 보낸다. 한편, 암컷은 새로운 무화과를 찾아 날아오른다. 기생벌은 같은 숙주(무화과 열매) 안에서 수컷끼리 교미의 기회를 둘러싸고 심하게 경쟁한다. 이것을 국소적 배우 경쟁(LMC: Local Mate Competition)이라고 한다. 그러나 국소적 배우 경쟁이라는 가정은 매우 특수하다.

무화과는 꽃이 열매 안에 피므로 무화과꼬마벌이 열매 안에 들어가야 수분할 수가 있다. 꼬마벌과 무화과는 공생 관계인 것이다. 꺾꽂이로도 무화과는 증식할 수 있다.

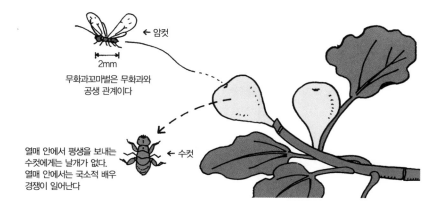

무화과꼬마벌의 국소적 배우 경쟁

← 암컷

2mm

무화과꼬마벌은 무화과와
공생 관계이다

열매 안에서 평생을 보내는
수컷에게는 날개가 없다.
열매 안에서는 국소적 배우
경쟁이 일어난다

← 수컷

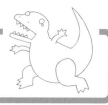

10 동물은 수컷과 암컷이 왜 반반인가?

🐟 **피셔의 이론**   많은 동물의 성비가 0.5가 되는 이유를 피셔가 처음으로 설명했다. 피셔는 다음과 같이 설정(가정)했다.

설정 1. 모든 암컷은 배우자를 얻을 수 있고 같은 수(m마리)의 새끼를 낳는다.

설정 2. 수컷은 (모든 암컷의 수)/(모든 수컷의 수)의 비율로 배우자를 얻는다.

야생형과 침입형 각각의 적응도를 비교해 보자. 예를 들면 어떤 성비를 가진 야생형 집단에 다른 성비를 가진 침입형(돌연변이체)이 침입할 수 있는지 여부를 생각하자.

여기서는 이야기를 간단하게 하기 위해 m=4, 즉 모든 어미는 각각 네 개체의 새끼(알)를 낳는 것으로 하겠다. 적응도는 자손의 수로 정의한다. 설정 1에 따라 어미가 낳는 새끼의 수는 모두 같기 때문에 새끼의 수는 야생형이든 침입형이든 마찬가지이다.

이번에는 적응도를 손자의 수로 한다. 야생형과 침입형 각각의 손자의 수를 비교한다. 손자의 수가 많은 것이 게임에 이길 수 있다. 손자의 대가 되면 차이가 나타나기 때문이다.

정리. 수컷의 비율(성비)이 $\frac{1}{4}$인 야생형은 ESS가 아니다.

우선 위의 정리를 증명하자. 이것을 증명하기 위해서는 어떤 다른 성비의 침입형이 침략할 수 있다는 점을 나타내면 된다.

예를 들어 침입형의 수컷의 비율(성비)을 $\frac{3}{4}$이라 하자. 야생형인 어미는 성비가 $\frac{1}{4}$이기 때문에 수컷 1개체와 암컷 3개체를 낳는다. 그러나 침입형인 어미는 수컷 3개체와 암컷 1개체를 낳는다. 이러한 경우, 각각의 적응도를 구해 보자.

🐟 **야생형의 적응도**   야생형은 압도적으로 개체 수가 많다고 한다. 따라서 (전체 암컷의 수):(전체 수컷의 수)의 비율은 야생형의 성비와 대부분 같아진

다. 즉, 3:1이다. 암컷이 세 배나 많기 때문에 수컷은 평균 3개체의 배우자를 얻을 수 있다. 이렇게 피셔의 이론에서 수컷은 정자에 대한 투자가 적기 때문에 많은 배우자를 얻을 수 있다.

야생형인 어미 1개체 당 새끼의 수는 네 마리이며 암컷 3개체, 수컷 1개체이다. 새끼의 수(손자 수)는 각각 다음과 같다.

- 암컷 새끼가 낳는 새끼(어미의 입장에서 보면 손자) 수 : (암컷의 수)×(암컷이 낳는 새끼의 수)=3×4=12개체
- 수컷 새끼가 만드는 새끼 수 : (수컷의 수)×(배우자를 얻는 비율)×(배우자가 낳는 새끼의 수)=1×3×4=12개체

이상으로 처음 어미는 합계 24개체의 손자를 얻을 수 있다(적응도=24).

🐟 침입형의 적응도   침입형인 어미 1개체 당 새끼의 수는 네 마리로 같다. 그러나 그 내역은 암컷 1개체, 수컷 3개체이다. 새끼의 수는 각각 다음과 같다.

- 암컷 새끼가 낳는 새끼 수 : 1(암컷의 수)×4(암컷이 새끼를 낳는 수)=4
- 수컷 새끼가 만드는 새끼 수 : (수컷의 수)×(배우자를 얻는 비율)×(배우자가 새끼를 낳는 수)=3×3×4=36개체

침입형의 1개체 당 새끼의 수(적응도)는 40개체이며, 야생형보다 많다. 따라서 성비 $\frac{1}{4}$인 야생형은 이 침입형에게 침입당할 수 있기 때문에 ESS는 아니다.

성비의 게임

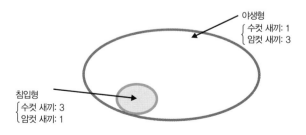

야생형
｛ 수컷 새끼: 1
　 암컷 새끼: 3

침입형
｛ 수컷 새끼: 3
　 암컷 새끼: 1

야생형과 침입형의 어미는 4개체의 새끼를 낳는다(m=4). 야생형의 성비(수컷의 비율)가 1/4이며 침입형은 3/4이다. 이때, 야생형은 ESS가 아니다.

11

피셔의 성비 이론

🐟 **야생형의 적응도** 여기서는 앞의 논의를 일반화하기 위해 다음과 같이 정의한다.

  α_0 : 야생형의 성비(수컷의 비율)

  α : 침입형의 성비(수컷의 비율)

  m : 모든 어미가 낳는 개체 수

이때, 적응도는 아래와 같이 계산할 수 있다. 야생형의 어미 1개체 당 새끼의 내역은 암컷 $[m(1-\alpha_0)]$개체, 수컷 $(m\alpha_0)$개체이다. 각각의 새끼의 수(손자 수)는 다음과 같다.

  • 암컷 새끼가 낳는 새끼 수 : (암컷의 개체 수)×(암컷이 낳는 새끼 수)=$m(1-\alpha_0)\times m$

  • 수컷 새끼가 만드는 새끼 수 : (수컷의 개체 수)×(배우자를 얻는 비율)×(배우자가 새끼를 낳는 수)=$m\alpha_0 \times \dfrac{1-\alpha_0}{\alpha_0} \times m$

이렇게 해서 야생형의 적응도는 아래와 같이 된다.

$$2m^2(1-\alpha_0) \cdots\cdots ①$$

이 값은 침입형의 성비 α에는 의존하지 않는다.

🐟 **침입형의 적응도** 암컷 새끼가 낳는 새끼 수는 '$m(1-\alpha)\times m$'이고, 또 수컷 새끼가 만드는 새끼 수는 $\dfrac{m\alpha \times (1-\alpha_0)}{\alpha_0 \times m}$ 이기 때문에 결국 침입형의 적응도는

$$m^2\left[1+\alpha \frac{1-2\alpha_0}{\alpha_0}\right] \cdots\cdots ②$$

가 된다. ①, ②식에서 양쪽 형태의 적응도를 비교하고 승자를 결정한다. 야생형의 성비 α_0에 대해 다음과 같이 경우를 나눌 수 있다.

  (i) $\alpha_0 > \dfrac{1}{2}$ 일 때

  (ii) $\alpha_0 < \dfrac{1}{2}$ 일 때

  각각의 경우에 대해 적응도를 그림으로 비교해 보자. (i) $\alpha_0 > \dfrac{1}{2}$ 일 때 야생형과 침입형의 적응도는 오른쪽 그림의 왼쪽과 같이 된다. 가로축은 침입

형의 성비 α이다. 그림에서 직선 두 개의 교점은 야생형의 성비와 일치할 때이다($\alpha=\alpha_0$). 침입형의 성비 α가 야생형보다 작으면 ($\alpha_0>\alpha$)가 되어 침입 가능하다는 사실을 알 수 있다. 따라서 이때의 야생형은 ESS가 아니다.

또 (ii) $\alpha_0<\dfrac{1}{2}$일 때 침입형의 성비 α가 $\alpha_0<\alpha$라는 조건을 충족하면 침입할 수 있다(아래 그림의 오른쪽). 따라서 이때도 ESS는 아니다.

ESS가 되는 것은 $\alpha_0=\dfrac{1}{2}$일 때뿐이다. 왜냐하면 이때 침입형의 적응도는 야생형의 적응도와 일치하기 때문이다. 적응도가 같으면 큰 수의 원리에 따라 야생형이 이긴다. 결국, 수컷보다 암컷이 많은 집단에서는 수컷이 늘어나는 방향으로 진화하고, 또 반대로 암컷보다 수컷이 많은 집단에서는 암컷이 늘어나는 방향으로 진화한다.

따라서 $\alpha_0=\dfrac{1}{2}$일 때만 진화적으로 침입되지 않는 전략이 되는 것이다. 이렇게 해서 대부분의 동물은 성비가 1:1이라는 점을 설명할 수 있다.

🐟 **피셔 이론의 문제점** 피셔 이론이 가진 최대의 약점은 ESS가 불안정하다는 것이다. 집단 크기가 한정될 때, 야생형은 $\alpha_0=0.5$에서 조금 차이가 생긴다. 예를 들어 0.5보다 조금이라도 커지면, 0.5보다 작은 성비의 개체군을 침입할 수 있다. 아래 그림의 왼쪽에서 암컷만을 낳는 개체군($\alpha=0$)이 가장 침입하기 쉽다는 사실을 알 수 있다. 이렇게 0.5에서 조금이라도 어긋나면 $\alpha=0$(또는 $\alpha=1$)이라는 양극단의 경우가 최적이 되고 ESS 전략은 안정되지 않는다.

야생형(수평 검은 선)과 침입형(붉은 선)의 적응도

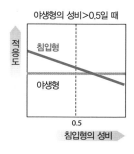

야생형의 성비>0.5일 때

적응도 / 침입형 / 야생형 / 0.5 / 침입형의 성비

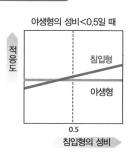

야생형의 성비<0.5일 때

적응도 / 침입형 / 야생형 / 0.5 / 침입형의 성비

가로축은 침입형의 성비 α이다. 왼쪽 그림은 야생형의 수컷이 많을 때($\alpha_0>0.5$)이며, 야생형보다 암컷을 많이 낳는 개체군이 침입할 수 있다. 만약 반대라면(오른쪽 그림) 야생형보다 수컷을 많이 낳는 개체군이 침입할 수 있다. ESS($\alpha_0=0.5$)일 때, 야생형과 침입형의 적응도는 같다.

12

곤충이 암컷을 많이 낳는 이유

🐟 **해밀턴의 성비 이론**   국소적 배우 경쟁의 경우에 성비 0.5는 ESS가 되지 않는다. 이것을 증명하려면 성비 0.5인 야생형 집단에 다른 성비를 가진 침입형이 침입할 수 있다는 점을 나타내면 된다. 여기서는 이야기를 간단하게 하기 위해 세 마리의 어미 벌이 하나의 숙주(무화과 열매)에 각각 네 개의 알을 낳는다고 가정한다.

야생형(성비 0.5)은 압도적으로 개체 수가 많기 때문에 같은 숙주에 낳는 세 마리의 어미 벌은 모두 야생형이라고 생각해도 좋다. 적응도는 어미 벌 1개체 당 손자의 수이다. 어미 벌 1개체 당 새끼의 수는 네 마리이며 그 내역은 수컷 2개체, 암컷 2개체이다. 숙주에 낳은 새끼의 수는 총 12개체이며, 그중 수컷은 6개체, 암컷 6개체이다. 여기서 수컷이 배우자를 얻는 비율은 (전체 암컷 수)/(전체 수컷 수)이기 때문에 $\frac{6}{6}=1$이 된다.

또 어미 벌 1개체 당 손자의 수는 암컷과 수컷 각각의 새끼가 낳는 새끼의 수의 합이기 때문에 다음과 같이 된다.

- 암컷 새끼가 낳는 새끼 수 : (암컷의 수)×(암컷이 새끼를 낳는 수)=2×4=8
- 수컷 새끼가 낳는 새끼 수 : (수컷의 수)×(배우자를 얻는 비율)×(암컷이 새끼를 낳는 수)=2×1×4=8

이상으로 야생형의 적응도는 16개체가 된다.

🐟 **침입형의 적응도**   침입형(성비 α로 한다)은 개체 수가 매우 적다고 가정한다. 따라서 같은 숙주에 낳는 어미 벌은 세 마리 모두 야생형이 될 가능성이 가장 높은데, 이 경우에는 침입형의 적응도를 구할 수 없다.

다음으로 가능성이 높은 것은 세 마리 중 한 마리가 침입형인 경우이다. 이 경우에 침입형의 적응도를 구한다. 침입형인 어미 벌은 네 개의 알을 낳는데 그 내역은 수컷 (4α)개체, 암컷 $4(1-\alpha)$개체이다. 또 야생형인 어미 벌은 수컷과 암컷 각각 2개체씩 낳는다. 다음으로 수컷이 배우자를 얻는 비율을 구한다. 전체 수컷이 $(4+4\alpha)$개체이고 전체 암컷이 $4(2-\alpha)$개체가 됨에 따라 그 비율은 $\dfrac{(2-\alpha)}{(1+\alpha)}$가 된다. 이 관계를 이용하면 암컷과 수컷 각각의 새끼가 낳는 새끼의 수는 다음과 같다.

- 암컷 : $4(1-\alpha)\times4=16(1-\alpha)$

- 수컷 : $4\alpha\times(2-\alpha)/(1+\alpha)\times4=16\alpha(2-\alpha)/(1+\alpha)$

결국, 침입형의 적응도는 수컷과 암컷 새끼(위의 두 식)의 합이며, [그림 1]의 갈색 선과 같이 된다. 이 그림에서 성비 0.5가 ESS가 아니라는 사실을 알 수 있다. 해밀턴은 일반적으로 하나의 숙주에 n마리의 어미 벌이 알을 낳는다고 가정할 때 최적 성비(ESS)가 $(n-1)/(2n)$이 된다는 것을 이끌어냈다. 이 경우, $n=3$이기 때문에 최적 성비는 $\dfrac{1}{3}$이 된다(그림 2). 이 ESS는 적응도가 높기 때문에 안정적이다.

그림 1. 국소적 배우 경쟁에서의 야생형과 침입형의 적응도

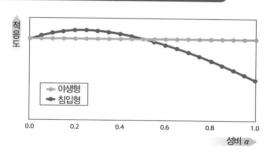

야생형의 성비를 0.5로 한다. 침입형의 적응도(갈색 선)가 야생형의 적응도(수평선)를 웃도는 영역이 있고, 이때 침입형이 침입할 수 있다. 즉, 성비 0.5는 ESS가 아니다.

그림 2. 야생형(성비 1/3)일 때의 야생형과 침입형의 적응도

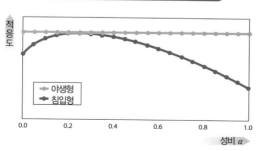

침입형의 성비가 1/3일 때, 야생형과 침입형의 적응도가 접해 있다. 즉, ESS는 성비 1/3이 된다.

13

비(非)ESS의 성비 이론

🐟 **성비의 격자 모델** 다음으로 우리의 성비 이론을 소개한다. 이것은 ESS라는 게임(승패)은 아니다. 수컷과 암컷의 만남을 생각한 것으로, 개체군의 지속 가능성에 따라 성비가 결정된다. 많은 동물들은 교미할 때 수컷과 암컷의 만남이 가장 큰 문제가 된다. 수컷만이나 암컷만으로도 곤란한데, 우리는 멸종이 일어나기 어려운 성비가 어느 정도인지 탐구했다.

격자 상에 수컷(X)과 암컷(Y)이 서식하고 있다. 각 격자점은 X, Y 또는 0의 세 가지 상태 중 하나를 취하는 것으로 한다. 우리는 어느 생물의 출생과 사망 과정만 생각했다. 출생은 반응식에서

$$0 \rightarrow X(\text{또는 } Y) \cdots\cdots (1)$$

로 한다. 단, 아래 표와 같이 출생에는 수컷과 암컷의 양쪽이 필요하다. 한편, 사망 과정은

$$X(\text{또는 } Y) \rightarrow 0 \cdots\cdots (2)$$

으로 나타낸다.

🐟 **시뮬레이션 방법** 컴퓨터 시뮬레이션으로 글로벌과 로컬 상호 작용의 두

시뮬레이션 방법: 로컬 상호 작용

(1)	격자 공간 위에 X와 Y를 초기 배치한다. 각 격자점은 X, Y 또는 0으로 한다.
(2)	시간 발전의 규칙 : 임의로 하나의 격자점을 선택한다. (i) 선택된 격자점이 X 또는 Y라면 그것을 사망률 m에서 0으로 바꾼다. (ii) 선택된 격자점이 0이라면 인접하는* 네 격자점을 조사한다. X와 Y의 수에 비례하여 출생시킨다. 출생시킬 때는 성비에 따라 X 또는 Y로 한다.
(3)	위의 시간 발전의 규칙 (2)를 전체 격자점과 같은 수만큼 반복한다. 이것을 몬테카를로 스텝이라고 한다. 시간 단위는 이것을 사용한다.
(4)	(3)을 반복하고 충분히 정상 상태가 될 때까지 실시한다.

* 글로벌 상호 작용의 경우는 '인접하는' 부분을 '임의로 선택한'으로 바꾼다.

종류를 생각하자. 로컬인 경우, 수컷과 암컷의 만남은 인접하는 격자점 사이로 제한된다(왼쪽 표). 글로벌 상호 작용은 실제로는 대부분 일어나지 않지만 비교를 위해 조사했다. 글로벌에서는 아무리 멀리 떨어진 격자점 사이에서도 만남이 일어난다.

시뮬레이션의 결과: 글로벌 상호 작용   글로벌 상호 작용의 결과, 개체 수의 시간 변화는 아래 그림과 같이 된다.

최종적으로는 두 개의 검은 점 중 어느 한쪽에 도달한다. 갈색 곡선보다 개체 수가 적은 경우(갈색 곡선의 왼쪽 아래)에서는 멸종이 일어난다. 그러나 갈색 곡선 오른쪽 위에서는 안정적인 평형 상태가 된다. 이것은 '개미 효과'라는 역치 현상이다. 갈색 곡선이 최소 생존 가능 개체 수에 해당한다. 안정적인 평형 상태의 수컷과 암컷의 밀도(개체 수)는 다음 페이지에서 설명하겠다. 이 평형 밀도는 글로벌과 로컬 상호 작용과의 사이에서 큰 차이가 있다.

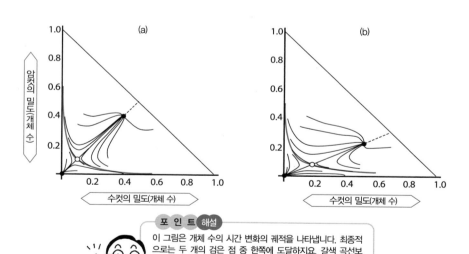

포인트 해설
이 그림은 개체 수의 시간 변화의 궤적을 나타냅니다. 최종적으로는 두 개의 검은 점 중 한쪽에 도달하지요. 갈색 곡선보다 개체 수가 적은 경우(갈색 곡선의 왼쪽 아래)에서는 멸종이 일어나지만, 갈색 곡선의 오른쪽 위에서는 안정적인 평형 상태가 됩니다.

※Tainaka, et al: Europhysics Letters(2006)를 근거로 작성

14 남자 아이가
더 많이 태어나는 이유

🐟 **로컬 상호 작용과 글로벌 상호 작용**   여기서는 로컬 상호 작용의 결과를 글로벌과 비교하면서 설명한다. 많은 생물은 로컬 상호 작용을 한다는 사실에 주의해야 한다.

로컬 상호 작용에서도 글로벌 상호 작용과 같은 역치 현상이 일어났다. 그러나 갈색 곡선과 같은 것은 그리지 못했다. 왜냐하면 로컬에서는 밀도뿐 아니라 공간 분포도 중요한 역할을 하기 때문이다. 글로벌과 로컬 상호 작용의 결과는 정상(평형) 상태를 구했을 때, 놀라울 정도로 차이를 보였다. 즉, 로컬에서는 지속(존속) 가능한 성비의 범위가 매우 좁다. 〔도표 1〕에서는 정상 상태에서의 개체 수(정상 밀도)가 구성되어 있다. 가로축은 수컷의 성비이다. 로컬의 경우, 성비가 0.5 부근에서만 생존 가능하다는 사실을 알 수 있다. 개체군의 지속 가능성에 따라 성비 0.5가 결정된다.

🐟 **남자 아이의 출생이 많은 이유**   지금까지 수컷과 암컷 간의 차이를 언급해 왔다. 수컷과 암컷 간에 어떤 차이를 설정하면 최적의 성비가 0.5에서 벗어난다. 인간의 경우, 대부분의 지역에서 남자의 출생이 여자의 출생보다 많다. 이 사실은 우리의 이론으로 간단하게 설명할 수 있다.

예를 들어 수컷의 수명이 암컷의 수명보다 짧다고 가정한다(수컷의 사망률이 암컷보다 높다고 해도 같다). 〔도표 2〕에서는 사망률에 차이가 있을 때, 로컬 상호 작용의 정상 밀도가 나타나 있다. 이 그림에서 성비가 0.5보다 조금 클 때, 절정을 이룬다는 것을 알 수 있다. 생존이 가능하려면 남자의 출생이 여자에 비해 많이 필요하다. 남자가 죽기 쉽기 때문에 남자가 많이 필요한 것이다.

🐟 **진화적으로 지속 가능한 전략**   우리의 이론은 ESS와는 다르다. ESS 이론은

지속 가능성이나 존속 가능성을 생각하지 않는다는 결점을 갖고 있다. 지속 가능성을 고려하면, ESS는 항상 최적 전략이 된다고 할 수 없다.

지속 가능성이라는 척도에서 볼 때 최적 전략은 '진화적으로 지속 가능한 전략(EMS: Evolutionarily Maintainable Strategy)'이라고 한다. EMS는 〔도표 1〕과 〔도표 2〕의 최고 위치에서 ESS(0.5)와 반드시 일치하지는 않는다.

물론 EMS에도 결점은 있다. 바로 ESS 등의 다른 전략과 대전(게임)하면 진다는 점이다. ESS의 침입을 허락해 버리기 때문이다. 그러나 대전에 져도 존속은 가능하다. 이것은 먹고 먹히는 관계와 비슷하다. 먹히는 자는 대전에 지지만, 높은 이득(정상 밀도)을 가지는 경우에는 존속할 수 있다.

도표 1. 글로벌과 로컬 상호 작용 결과의 비교

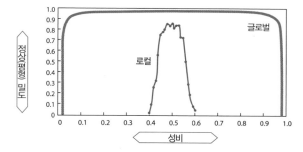

세로축은 수컷과 암컷 합계의 정상 개체 수(정상 밀도)이며, 가로축은 수컷의 성비이다. 갈색 그래프는 로컬 상호 작용의 결과이며, 검은 곡선은 글로벌인 경우의 해석 결과이다. 로컬의 경우, 성비가 0.5 부근에서만 생존 가능하다는 사실을 알 수 있다.

도표 2. 수컷의 수명이 짧을 때의 로컬 상호 작용의 정상 밀도

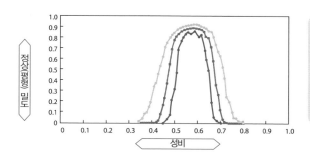

수컷의 사망률은 암컷 사망률의 1.5배로 고정했다. 세 종류의 곡선은 수컷의 사망률을 변화시켰을 때이며, 사망률이 높을 때일수록 밀도가 낮아진다. 이 그림은 남자 아이의 출생이 많아지는 이유를 설명한다.

생존을 건 온갖 생물들의
못말리는 사투

초판 인쇄 | 2009년 3월 16일
초판 발행 | 2009년 3월 23일

지은이 | 다이나카 게이치 · 요시무라 진
옮긴이 | 김경은
펴낸이 | 심만수
펴낸곳 | (주)살림출판사
출판등록 | 1989년 11월 1일 제9-210호

주소 | 413-756 경기도 파주시 교하읍 문발리 파주출판도시 522-2
전화 | 031)955-1350 기획·편집 | 031)955-4663
팩스 | 031)955-1355
이메일 | book@sallimbooks.com
홈페이지 | http://www.sallimbooks.com

ISBN 978-89-522-1102-6 43470

* 잘못된 책은 구입하신 서점에서 바꾸어 드립니다.
* 역자와의 협의에 의해 인지를 생략합니다.

책임편집 · 교정 : 이혜령

값 8,000원